物联网工程专业系列教材

物联网技术应用开发

主　编　王　浩　浦灵敏

参　编　陈邦琼　张学军

中国水利水电出版社
www.waterpub.com.cn

内 容 提 要

本书按照无线传感网络控制系统的开发流程分成七章，分别为物联网与智能家居，ZigBee 软硬件开发平台，ZigBee 无线网络开发基础，ZigBee 无线数据通信的设计与实现，基于 ZigBee 的温湿度采集、灯光及风扇控制系统，基于 ZigBee 的光照采集、窗帘控制系统，基于 ZigBee 的烟雾、红外检测远程短信报警系统。

本书内容体系完整，案例详实，叙述风格平实、通俗易懂，书中的程序实例已全部通过了苏州创健电子科技有限公司生产的物联网 ZigBee 开发套件的测试。通过对本书的学习，读者可以快速掌握和提高无线传感网络 ZigBee 协议栈应用层的开发能力和 Qt 上位机软件的实际应用水平，进而能够独立动手进行无线传感网络的设计与开发。

本书可作为工程技术人员进行物联网、无线传感网络应用与开发，Qt 图形界面设计，ZigBee 技术等项目应用与开发的参考用书，也可作为高等院校物联网、电子、计算机、自动化、无线通信等专业相关课程的教材。

本书配有电子教案，读者可以从中国水利水电出版社网站以及万水书苑下载，网址为：http://www.waterpub.com.cn/softdown/和 http://www.wsbookshow.com。

图书在版编目（ＣＩＰ）数据

物联网技术应用开发 / 王浩，浦灵敏主编. -- 北京：中国水利水电出版社，2014.12（2018.7 重印）
物联网工程专业系列教材
ISBN 978-7-5170-2683-9

Ⅰ．①物… Ⅱ．①王… ②浦… Ⅲ．①互联网络－应用－高等学校－教材②智能技术－应用－高等学校－教材
Ⅳ．①TP393.4②TP18

中国版本图书馆CIP数据核字(2014)第266693号

策划编辑：石永峰　责任编辑：陈洁　加工编辑：袁慧　封面设计：李佳

书　名	物联网工程专业系列教材 **物联网技术应用开发**
作　者	主　编　王　浩　浦灵敏 参　编　陈邦琼　张学军
出版发行	中国水利水电出版社 （北京市海淀区玉渊潭南路 1 号 D 座　100038） 网址：www.waterpub.com.cn E-mail：mchannel@263.net（万水） 　　　　sales@waterpub.com.cn 电话：(010) 68367658（发行部）、82562819（万水）
经　售	北京科水图书销售中心（零售） 电话：(010) 88383994、63202643、68545874 全国各地新华书店和相关出版物销售网点
排　版	北京万水电子信息有限公司
印　刷	三河市鑫金马印装有限公司
规　格	184mm×260mm　16 开本　14.5 印张　319 千字
版　次	2015 年 1 月第 1 版　2018 年 7 月第 2 次印刷
印　数	3001—5000 册
定　价	30.00 元

前　　言

物联网是新一代信息技术的重要组成部分，随着信息科学和计算机的飞速发展，"物联网"被称为继计算机、互联网之后世界信息产业的第三次浪潮。这使得物联网无线传感网络领域的相关人才成为了当今较为紧缺的人才。同时国内市场上有关无线传感网络开发方面的书籍也不少，但几乎没有一本是集物联网感知层、传输层和应用层三大技术于一体进行完整讲解和设计实现的。

物联网的一个基本特征就是无处不在、无所不知。物联网的目标是发展绿色全无线技术，包括感知、通讯等。不仅要求功耗极低，而且要求具备全无线覆盖、高可靠连接、强安全通讯、大组网规模、能自我修复等功能。具体到智能家居系统应用就是要求安装非常简单，维护和使用非常方便，扩展随心所欲。

ZigBee 是一种网络容量大、节点体积小、架构简单、低速率、低功耗的无线通信技术。由于其节点体积小，且能自动组网，所以布局十分方便；又因其强调由大量的节点进行群体协作，网络具有很强的自愈能力，任何一个节点的失效都不会对整体任务的完成造成严重影响，所以特别适合用来组建无线传感网络。

用 ZigBee 技术来实现无线传感网络，主要需要考虑通信节点的硬件设计，以及实现相应功能所需要的软件开发。德州仪器公司（TI）的 CC2530 无线单片机是用于 2.4 GHz IEEE 802.15.4、ZigBee 和 RF4CE 应用的一个真正的片上系统（SoC）解决方案，同时完全符合 ZigBee 技术对节点"体积小"的要求。此外，TI 还提供了 Z-Stack 协议栈，尽可能地减轻了软件开发的工作量。在上位机系统方面，Qt 提供了简单易用且功能强大的跨平台开发环境。

本书立足当前无线传感网络技术的发展趋势、核心技术及其在智能家居领域中的典型应用，将技术热点与实践应用紧密结合，以实际应用为中心，按照实际项目的开发流程，并结合智能家居典型开发项目案例，由浅入深、循序渐进地讲解无线传感网络控制系统的开发流程和实用技术。

本书按照无线传感网络控制系统的开发流程分成七章，分别为物联网与智能家居，ZigBee 软硬件开发平台，ZigBee 无线网络开发基础，ZigBee 无线数据通信的设计与实现，基于 ZigBee 的温湿度采集、灯光及风扇控制系统，基于 ZigBee 的光照采集、窗帘控制系统，基于 ZigBee 的烟雾、红外检测远程短信报警系统。

第 1 章主要介绍了物联网的技术框架、智能家居的发展前景及与 ZigBee 技术的联系。

第 2 章主要对 ZigBee 开发平台进行了全面的讲解，包括 ZigBee 通信节点开发板、IAR 集成开发环境、相关驱动和协议栈的安装、Qt 跨平台开发环境等。

第 3 章主要分析了 ZigBee 技术的概念、特点、原理、发展前景及应用领域，重点介绍了 TI Z-Stack 协议栈的软件架构和开发基础。

第 4 章主要介绍了如何利用 Z-Stack 协议栈进行实际的无线数据通信实验，重点讲解了 ZigBee 协议栈数据通信中几个重要的函数和协议栈串口通信的实现方法。

第 5、6、7 章是本书的技术重点和难点，主要介绍了无线传感网络控制系统的设计和实现过程，重点以温湿度传感器节点、光敏传感器节点、烟雾传感器节点和红外热释电传感器节点为例，介绍了节点的工作原理、步进电机、GPRS 模块等执行机构的驱动设计方法，以及协调器和终端节点协议栈程序的具体开发过程。此外，每章的最后一节都配有详细的 PC 端 Qt 人机界面控制系统的编程设计实现方法。

本书内容体系完整，案例详实，叙述风格平实、通俗易懂，书中的程序实例已全部通过了苏州创健电子科技有限公司生产的物联网 ZigBee 开发套件的测试，在此特别感谢宋林桂老师在硬件平台的搭建和测试中给予的帮助。通过对本书的学习，读者可以快速掌握和提高无线传感网络 ZigBee 协议栈应用层的开发能力和 Qt 上位机软件的实际应用水平。希望每位读者在学习完本书后能独立动手进行无线传感网络的设计与开发。

由于时间仓促及作者水平有限，书中错误和不妥之处在所难免，敬请广大读者批评指正。

作　者

2015 年 1 月

目　录

第 1 章　物联网与智能家居

本章学习目标

本章简要介绍物联网技术的概念、体系架构以及应用前景，让读者对物联网应用技术有一个宏观的了解，然后对物联网技术在智能家居领域中的应用进行重点介绍，让读者了解智能家居系统的功能、结构和特点，最后介绍智能家居系统中各个子系统的功能描述，并为后面章节所涉及的开发项目做好铺垫。通过本章的学习，要求读者掌握以下内容：

- 了解物联网技术的概念
- 掌握物联网的体系架构
- 了解智能家居系统的结构、功能和特点
- 掌握智能家居各个子系统的功能描述

1.1　物联网技术基础

1.1.1　物联网技术简介

1. 物联网技术概念

物联网的英文名称为"The Internet of Things"。顾名思义，物联网就是"物物相连的互联网"。通过传感设备，按约定的协议实现人与人、人与物、物与物全面互联的网络，这其中有包含两层意思：第一，物联网的核心和基础仍然是互联网，是在互联网基础上延伸和扩展的网络；第二，其用户端延伸和扩展到了任何物体与物体之间，进行信息交换和通信。因此，物联网的定义是：通过射频识别（RFID）、红外感应器、全球定位系统、激光扫描器等信息传感设备，按约定的协议，把任何物体与互联网相连接，进行信息交换和通信，以实现对物体的智能化识别、定位、跟踪、监控和管理的一种网络。

物联网是在互联网概念的基础上，将其用户端延伸和扩展到任何物品与物品之间，进行信息交换和通信的一种网络概念。这里对互联网和物联网作一个简单的比较：

互联网，又称因特网、网际网、万维网，其连接对象为计算机与计算机、人与计算机，是在人与计算机、计算机与计算机之间传递信息，其核心技术是：计算机技术、网络技术、信息处理与应用技术等。其主要产业是：通信制造与服务产业、计算机制造业、软件产业、集成电路产业、微电子产业等。

物联网，又称传感网、感知网、智慧地球等，其连接对象为人与物、物与物等。是在人与物、物与物之间传递信息，其核心技术是：IPv6 技术、云计算技术、传感技术、RFID 智能识别技术、无线通信技术等。其主要产业是：微纳传感器产业、RFID 产业、光电子产业、无线通信产业、物联网运营产业等。

2. 物联网技术体系

从技术架构上来看，物联网可分为三层：感知层、网络层和应用层，如图 1-1 所示。

（1）感知层由各种传感器以及传感器网关构成，包括温度传感器、湿度传感器、二维码标签、RFID 标签和读写器、摄像头、GPS 等各种感知终端。它可以部署到世界上任何位置、任何环境之中，被感知和识别的对象也不受限制。感知层的主要作用是感知和识别对象，采集并捕捉信息。

（2）网络层由各种私有网络、互联网、有线和无线通信网、网络管理系统和云计算平台等组成，它可以依托公众电信网和互联网，也可以依托行业专业通信网络。网络层主要负责传递和处理感知层获取的信息。

（3）应用层是物联网和用户（包括人、组织和其他系统）的接口，它与行业专业技术需求相结合，实现广泛的智能化物联网应用解决方案。

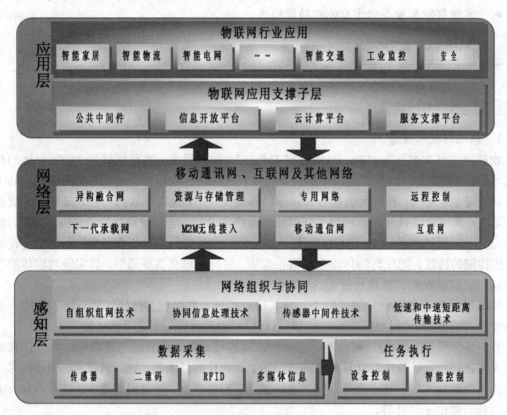

图 1-1　物联网技术体系架构

1.1.2　物联网的应用前景

"物联网"概念的问世，打破了之前的传统思维。过去的思路一直是将物理基础设施和 IT 基础设施分开：一方面是机场、公路、建筑物，而另一方面是数据中心、个人电脑、宽带等。而在"物联网"时代，钢筋混凝土、电缆将与芯片、宽带整合为统一的基础设施，在此意义上，基础设施更像是一块新的地球工地，世界的运转就在它上面进行，其中包括经济管理、生产运行、社会管理乃至个人生活。

相比互联网具有的全球互联互通的特征，物联网具有局域性和行业性特征。物联网的应用可以提升对物理世界、经济社会各种活动的洞察力，实现智能化的决策和控制，提高相关行业的经济效益，因此物联网将广泛用于工业领域、农业领域、智能电网、医疗领域、城市公共安全领域、环境监测领域，智能交通领域、智能家居领域等多个领域，如图 1-2 所示。

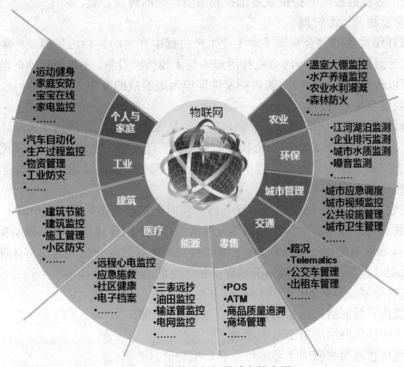

图 1-2　物联网在各领域中的应用

1. 物联网在工业领域中的应用

工业是物联网应用的重要领域，对于具有环境感知能力的各类终端，借助无线通信等技术可大幅提高制造效率，改善产品质量，降低产品成本和资源消耗，将传统工业提升到智能工业的新阶段。从当前技术发展和应用前景来看，物联网在工业领域的应用主要集中在以下几个方面。

（1）制造业供应链管理。

物联网应用于企业原材料采购、库存、销售等领域，通过完善和优化供应链管理体系，提高了供应链效率，降低了成本。空中客车（Airbus）通过在供应链体系中应用传感网络技术，构建了全球制造业中规模最大、效率最高的供应链体系。

（2）生产过程工艺优化。

物联网技术的应用提高了生产线过程检测、实时参数采集、生产设备监控、材料消耗监测的能力和水平。生产过程的智能监控、智能控制、智能诊断、智能决策、智能维护水平不断提高。钢铁企业应用各种传感器和通信网络，在生产过程中实现对加工产品的宽度、厚度、温度的实时监控，从而提高了产品质量，优化了生产流程。

（3）产品设备监控管理。

通过传感器和网络对设备进行在线监测和实时监控，实现了对产品设备操作使用记录、设备故障诊断的远程监控，并提供设备维护和故障诊断的解决方案。

（4）环保监测及能源管理。

物联网与环保设备的融合实现了对工业生产过程中产生的各种污染源及污染治理各环节关键指标的实时监控。在重点排污企业排污口安装无线传感设备，不仅可以实时监测企业排污数据，而且可以远程关闭排污口，防止突发性环境污染事故的发生。

（5）工业安全生产管理。

把感应器嵌入、装备到矿山设备、油气管道、矿工设备中，可以感知危险环境中工作人员、设备机器、周边环境等方面的安全状态信息，将现有分散、独立、单一的网络监管平台提升为系统、开放、多元的综合网络监管平台，实现实时感知、准确辨识、快捷响应、有效控制。

2. 物联网在农业领域的应用

物联网在农业领域的应用是通过各种传感器实时采集温湿度数据以及光照、土壤温度、CO_2浓度、叶面湿度、露点温度等环境参数，根据用户需求对环境进行自动控制和智能化远程管理。例如智能农业中的智能粮库系统，它通过将粮库内温湿度变化的感知与计算机或智能手机的连接进行实时观察，记录现场情况以保证粮库内的温湿度平衡。

物联网在农业领域具有的广泛应用前景主要有以下三点：

（1）无线传感器网络应用于温室环境信息采集和控制。

（2）无线传感器网络应用于节水灌溉。

（3）无线传感器网络应用于环境信息和动植物信息监测。

3. 物联网在智能电网领域的应用

电力工业是现代经济发展和社会进步的基础和重要保障，将物联网技术应用于智能电网、是信息技术发展到一定阶段的必然结果，对于电力工业应用物联网技术形成一种新型的智能电网。它将通信基础设施资源和电力系统基础设施资源进行整合，为电网发电、输电、变电、配电以及用电等环节提供了重要的技术支撑。有效提升了电网信息化、自动化、互动化水平，提高了电网的运行能力和服务质量。智能电网和物联网的发展，不仅能促进电力工业的结构转型和产业升级,更能够创造一大批原创的具有国际领先水平的科研成果,打造千亿元的产业规模。

4. 物联网在医疗领域的应用

智能医疗系统借助简易实用的家庭医疗传感设备,对家中病人或老人的生理指标进行自测,并将生成的生理指标数据通过宽带网络或3G无线网络传送到护理人或有关医疗单位。可以准确掌握病人的病情、提高诊断的准确性,方便医生对病人的情况进行有效跟踪,提升医疗服务质量。同时通过传感器终端延伸,可以有效提高医院包括药品和医疗器械在内的医疗资源管理和共享,从而达到医院医疗资源的有效整合,提升了医院的服务效能。

5. 物联网在城市公共安全领域的应用

智能城市产品包括对城市的数字化管理和城市安全的统一监控。前者利用"数字城市"理论,基于地理信息系统(GIS)、全球定位系统(GPS)、遥感系统(RS)等关键技术,深入开发和应用空间信息资源,建设服务于城市规划、城市建设和管理,服务于政府、企业、公众,服务于人口、资源环境、经济社会的可持续发展的信息基础设施和信息系统。后者基于宽带互联网的实时远程监控、传输、存储、管理的业务,利用宽带和3G网络,将分散、独立的图像采集点进行联网,实现对城市安全的统一监控、统一存储和统一管理,这为城市管理和建设者提供一种全新、直观、视听觉范围延伸的管理工具。

6. 物联网在环境监测领域的应用

环境监测是环境保护和预防控制灾害的基础性工作之一,传统的监测手段只能解决局部监测问题,而物联网技术凭借其自动智能化处理在环境监测领域中应用的优势,能够大大提升环境保护和灾害预防的监控能力。它通过对实时地表水水质的自动监测,可以实现水质的实时连续监测和远程监控,及时掌握主要流域重点断面水体的水质状况,预警、预报重大或流域性水质污染事故,解决跨行政区域的水污染事故纠纷,监督总量控制制度落实情况。例如太湖环境监控项目,通过安装在环太湖地区各监控点的环保和监控传感器,将太湖的水文、水质等环境状态提供给环保部门,实时监控太湖流域水质等情况,并通过互联网将监测点的数据报送至相关管理部门。

7. 物联网在智能交通领域的应用

智能交通是将物联网系统与交通管理业务进行结合,利用先进的传感、通信以及数据处理等技术,构建一个安全、畅通和环保的交通运输系统。

智能交通系统包括公交行业无线视频监控平台、智能公交站台、电子票务、车管专家和公交手机一卡通五种业务。公交行业无线视频监控平台利用车载设备的无线视频监控和GPS定位功能,对公交运行状态进行实时监控。智能公交站台通过媒体发布中心与电子站牌的数据交互,实现公交调度信息数据的发布和多媒体数据的发布功能,还可以利用电子站牌实现广告发布等功能。电子门票是二维码应用于手机凭证业务的典型应用,从技术实现的角度,手机凭证业务是以手机为平台、以手机身后的移动网络为媒介,通过特定的技术实现完成凭证功能。车管专家利用全球卫星定位技术(GPS)、无线通信技术(CDMA)、地理信息系统技术(GIS)、3G通信等高新技术,将车辆的位置与速度,车内外的图像、视频等各类媒体信息及其他车辆参数等进行实时管理，有效满足用户对车辆管理的各类需求。公交手机一卡通将手机终端作为城市公交一卡通的介质，除完成公交刷卡功能外，还可以实现小额支付、空中充值等功能。

8. 物联网在物流领域的应用

物联网技术最早应用于物流与供应链行业，它使用 RFID 射频技术对仓储、物品运输管理和物流配送等物流核心环节进行实时跟踪、智能采集、传输以及处理等，提高了管理效率，降低了物流成本。

智能物流打造了集信息展现、电子商务、物流配载、仓储管理、金融质押、园区安保、海关保税等功能为一体的物流园区综合信息服务平台。信息服务平台以功能集成、效能综合为主要开发理念，以电子商务、网上交易为主要交易形式，建设了高标准、高品位的综合信息服务平台。

9. 物联网在智能家居领域的应用

智能家居是一个居住环境，是以住宅为平台安装有智能家居系统的居住环境，实施智能家居系统的过程就称为智能家居集成。它将各种家庭设备（如音视频设备、照明系统、窗帘控制、空调控制、安防系统、数字影院系统、网络家电等）通过程序设置，利用宽带、固话和3G 无线网络，可以实现对家庭设备的远程操控。与普通家居相比，智能家居不仅提供舒适宜人且高品位的家庭生活空间，而且能够实现更智能化的家庭控制管理。

1.2　智能家居概述

1.2.1　什么是智能家居

智能家居的概念起源于 20 世纪 80 年代初，随着电子技术应用在家用电器当中，使得住宅电子化开始实施。80 年代中期，将家用电器、通信设备与安全防范设备各自独立的功能综合为一体，又形成了住宅自动化的概念。至 80 年代末，由于通信与信息技术的发展，出现了通过总线技术对住宅中各种通信、家电、安防设备进行监控与管理的商用系统，这在美国被称为 Smart Home，也就是现在智能家居的原型。

从 1984 年，世界上第一幢智能建筑在美国出现，引发欧美各经济发达国家先后提出各种智能家居解决方案，到 2000 年左右，智能家居的概念引入中国。通俗地说，智能家居是利用先进的计算机技术、网络通信技术、嵌入式技术、传感器技术、自动控制技术等，将家庭中的各种设备（如照明设备、环境控制设备、安防设备以及网络家电）通过家庭网关连接在一起。一方面，智能家居让用户有更方便的手段来管理家庭设备，比如，通过无线遥控器、智能手机、互联网或者语音识别方式控制家用电器，还可以执行场景模式操作，使多个设备形成联动；另一方面，智能家居内的各种设备相互之间可以通信，不需要用户干预也能根据事先设定的不同条件，相互之间进行识别和运行，从而给用户带来最大程度的高效、便利、舒适与安全。简言之，智能家居是以住宅为平台，兼备建筑、网络通信、信息家电、设备自动化，集系统、结构、服务、管理为一体的高效、舒适、安全、便利、环保的居住环境。

1.2.2　智能家居发展的特点和方向

1. 智能家居的发展历程

智能家居的发展大致经历了四代：第一代主要是基于同轴线、两芯线进行家庭组网，实现灯光、窗帘控制和少量安防设备控制等功能。第二代主要基于 RS-485 线，部分基于 IP 技术进行组网，实现可视对讲、安防等功能。第三代实现了家庭智能控制的集中化，主要实现包括安防、控制计量等业务功能。第四代基于全 IP 技术，利用 ZigBee 无线通信等技术，智能家居业务可根据用户需求实现定制化和个性化。

2. 智能家居技术种类

目前市场上比较可靠的智能家居技术主要有四类：集中布线技术、无线射频技术、电力载波技术、ZigBee 无线组网技术。

（1）集中布线技术。

它主要应用于楼宇智能化控制，因为需要布线，所以信号相对稳定，比较适合楼宇和小区智能化等大区域范围的控制，但设备安装比较复杂、造价较高。

（2）无线射频技术。

它利用点对点的射频技术，实现对家居和灯光照明的控制，安装设置相对比较方便，但系统功能相对较弱，控制方式也比较单一，且易受周围无线设备环境及障碍物的干扰，其主要应用于实现特定电器或灯光控制领域。

（3）电力载波技术。

它无需重新布线，主要利用家庭内部现有的电力线传输控制信号，从而实现对家电和灯光的控制与管理，而且可以不断升级。功能实用，比较适合大众化消费。

（4）ZigBee 无线组网通信技术。

ZigBee 从布线上属于无线技术，具有布线简单、易扩展和易维护的特点。这使得 ZigBee 可以按照功能要求，构建含有任意多个节点的无线网络，通信传输可以在任意节点之间进行，可以有效节约人力、物力成本。另外，智能家居中各种不同功能的无线网络节点相互通信就需要保证网络节点的互通性及网络的标准化，而 ZigBee 技术正是一个专门针对这类应用的国际标准。它是一组基于 IEEE 802.15.4 无线标准研制开发的有关组网、安全和应用软件方面的通信技术，可以实现低功耗和高可靠性。

3. 国内外智能家居的特点

美国智能家居以数字家庭的数字技术改造为契机，偏重于豪华感，追求舒适和享受。但其能源消耗很大，不符合现阶段世界范围内低碳、环保和开源节流的理念。日本的智能家居是开发、设计、施工规模化与集团化，以人为本，注重功能，兼顾未来发展与环境保护。大量采用新材料、新技术，充分利用信息、网络、控制与人工智能技术，实现住宅技术现代化。德国的智能家居追求专项功能的开发，注重基本的功能性。韩国政府对智能小区和智能家居采取多项政策扶持，规定在汉城等大城市的新建小区必须具有智能家居系统。目前韩国全国 80%以上的新建项目采用智能家居系统，使用了像三星、LG 等知名的智能家居品牌各项智能控制设备。中国智能化住宅的发展，在经历了近 10 年的探索阶段之后，建筑面积目前已达到 400 亿平方米，预计到 2020 年还将新增 300 亿平方米。

    4. 智能家居系统的发展方向

    （1）一体化系统集成。

智能家居在未来发展过程中，需要将家庭自动化管理，三表计量、安全防范监测、火灾报警以及设备监控等功能进行集成，从而提高家庭管理智能化水平。

    （2）节能环保。

智能家居结合现有技术降低功耗，减少对家庭和周围环境的污染，提高生活环境的质量，这些都是智能家居今后走入家庭必须考虑的问题。

    （3）智能化、网络化和人性化。

家庭智能化是当代高科技技术和生物学技术的高度综合和升华，其中网络化是信息技术、通信技术和计算机技术发展的必然趋势，是发展家庭智能化的一个重要条件，个性化体现了以用户为中心，在家庭构建按需所求的智能家居系统。

    （4）规范化、标准化。

目前国内的智能家居市场还在起步阶段，尚未形成统一标准。制造企业没有可以借鉴的经验，都是摸着石头过河，不同企业为了增加智能家居产品的含金量，往往参考工业上的 RS-485 等国家标准或行业标准，但这些传输协议和接口标准与外部网络产品不通用、不兼容，甚至无法融入到外部网络控制系统中，这就大大影响了智能家居市场的推广速度。因此规范化、标准化是智能家居跨速发展走入国际市场的必由之路。

1.3 智能家居的功能、结构和特点

1.3.1 智能家居的功能

智能家居系统主要包括智能家居中央控制管理（家庭网关）、家居环境控制子系统、背景音乐子系统、家庭影音与多媒体子系统、安防控制子系统、视频对讲子系统、灯光照明子系统等七大子系统，如图 1-3 所示。智能家居系统设计的主要任务就是将各功能子系统进行整合集成，提供智能化信息服务。总地来说其一般具有如下功能特点。

    （1）联网功能。家庭里多台主机可用一个号进入宽带，随时联网，方便学习、办工、通信、购物等。

    （2）安全防范功能。确保实时掌握家中安全状况，可以对煤气泄露、火灾、非法入室等安全问题进行实时监控，及时发出报警信息，便于随时抢救与防范，保护家庭财产与生命安全。

    （3）远程监控功能。用户可以使用 PC 机或者智能手机等终端设备对家庭中的一些基础设备进行远程控制管理，这样可以真实反馈当前家中电气设备的工作状态，一目了然。

（4）智能交互控制功能。利用各种传感器对室内的温度、湿度、声音、光线以及其他对智能设备、家居环境进行控制，典型的例子是声控、光控技术。

（5）可编程定时控制功能。通过定时器、控制器可以对家中的固定事件进行编程设定，例如定时开关窗帘、热水器、电视、音响、照明以及喂宠物等事件。

（6）智能多媒体播放功能。可以将传统的音响系统延伸到家庭中的每一个房间和每一个角落，利用现有的网络化智能家居控制手段，如遥控器、集中控制器、网络开关等方式对音箱进行开关和音量调节，设置不同复杂程度的场景模式，以提供全方位丰富的家庭娱乐。

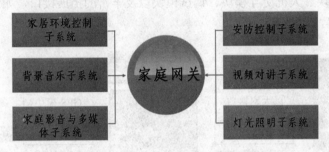

图 1-3 智能家居系统组成

1.3.2 智能家居的网络结构

在智能家居系统中，中央平台控制器是整个系统的核心，中央平台控制器通过无线的 **ZigBee、WiFi** 网络、**GSM** 网络或者其他的通信方式，完成对灯光、安防和家居环境监控系统的交互信息连接。用户可以通过中央平台控制器，完成对各个子系统的统一管理和数据采集，控制中心还需要有统一的家电联网接口，完成家电设备的组网，用户在户外可通过手机调控家中的电器和照明装置，也可及时得到家中的温度、亮度等环境信息以及防盗、防火、防煤气泄漏等报警信息。同时智能家居控制器可根据传感器采集到的环境信息，对家中的电器和照明装置进行智能化的控制。如图 1-4 所示为智能家居网络结构。

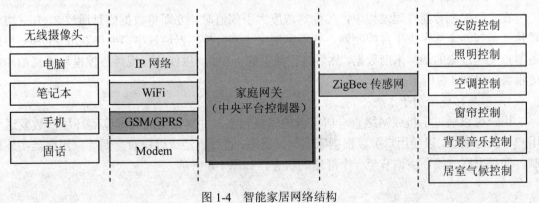

图 1-4 智能家居网络结构

1.3.3　智能家居主要子系统功能描述

1. 智能家居中央平台控制器（家庭网关）

智能家居中央平台控制器是整个系统的核心，作为家庭网关连接家庭内部网络与外部网络，并为外部网提供远程监控的功能。它是一个嵌入式的 Web 服务器，对内采用 ZigBee 无线通信，对外采用以太网和 GPRS 通信，用户通过电脑或手机连接互联网登陆 Web 服务器，可以查看或控制家电、窗帘、照明、室温、安防设备等家庭设备。控制器硬件包括处理器模块、存储模块、通讯模块、人机交互模块、调试模块以及丰富的扩展接口，如 A/D 接口、USB 接口、RS-485 接口等，如图 1-5 所示。

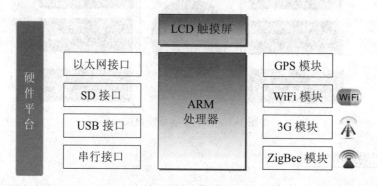

图 1-5　智能家居中央平台控制器组成

2. 灯光照明子系统

智能家居网关通过串口通信获取 ZigBee 协调器节点周期性发送过来的光照度数据，然后进行数据解析判断，如果当前环境状态亮度小于阈值，则发送开灯控制命令给协调器，并转发至灯光照明控制模块，实现开灯操作；反之，发送关灯控制命令给协调器，实现关灯操作，如图 1-6 所示。

3. 安防控制子系统

在安防控制智能管理过程中，当烟雾浓度大于阈值时，立即将数据信息通过 ZigBee 协调器传送至智能家居中央平台控制器，智能家居中央平台控制器通过串口通信获取 ZigBee 协调器节点发送过来的烟雾浓度数据，然后进行数据解析判断，以便执行视频监控模块的抓拍和短信报警，如图 1-7 所示。

4. 家居环境控制子系统

用户可以通过手机或网络查看居室内的气候状态，并将采集的温湿度等环境参数发送至用户手机终端上，以便用户可以根据家庭气候状态，进行本地或远程对空调等家用电器实施控制，使得家庭气候环境调节至一个舒适的状态，如图 1-8 所示。

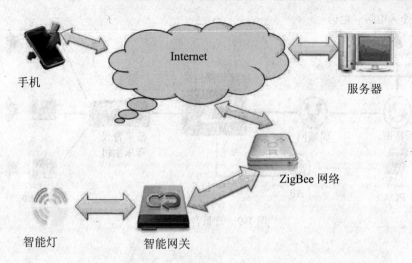

图 1-6　灯光照明子系统结构

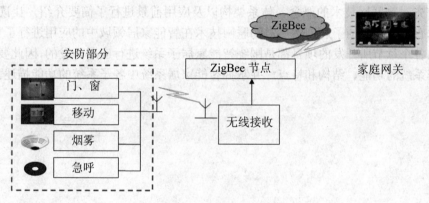

图 1-7　安防控制子系统

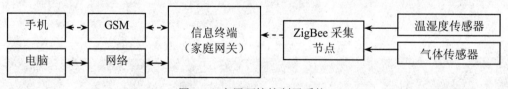

图 1-8　家居环境控制子系统

5．背景音乐子系统

背景音乐系统就是通过专业布线结合智能网关，将声音源信号接入各个房间及任何需要背景音乐系统的地方（包括浴室、厨房及阳台），通过各房间相应的控制面板独立控制在房内的背景音乐专用音箱，让每个房间都能听到美妙的背景音乐，如图 1-9 所示。

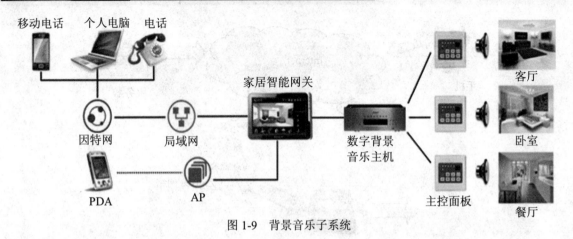

图 1-9　背景音乐子系统

本章小结

　　本章首先对物联网技术的概念、体系架构以及应用前景进行了简要介绍，让读者对物联网应用技术有一个宏观的了解，然后对物联网技术在智能家居领域中的应用进行了重点介绍。由于后面的各个章节所开发的项目都是围绕智能家居子系统进行应用开发的，因此要求读者了解智能家居系统的功能、结构和特点，并掌握智能家居系统中各子系统的功能描述。

第 2 章　ZigBee 软硬件开发平台

本章学习目标

用户进行 ZigBee 无线传感网络开发时，需要相关的硬件和软件，在硬件方面，德州仪器公司（TI）已经推出了支持 ZigBee 2007 协议栈的无线单片机 CC2530，同时也推出了相应的开发板；软件方面，德州仪器也推出了相应的 ZigBee 协议栈。本章将结合物联网 ZigBee 的开发平台重点介绍硬件平台的设计原理和使用，IAR 集成开发环境的搭建和配置，ZigBee 协议栈和 Qt 人机界面开发软件的安装方法。通过本章的学习，具体要求读者掌握以下目标：

- 了解 ZigBee 开发平台的硬件组成和原理
- 掌握 IAR 集成开发环境的搭建和使用方法
- 掌握 ZigBee 协议栈的安装步骤和方法
- 掌握开发平台驱动程序的安装方法
- 掌握 Qt 人机界面开发软件环境的搭建方法

2.1　ZigBee 硬件开发平台

随着集成电路技术的发展，无线射频芯片厂商采用片上系统的办法，对高频电路进行了大量集成，诞生了无线单片机这样的产品，其中以德州仪器公司开发的 CC2530 无线单片机为突出代表。CC2530 是用于 2.4GHz IEEE 802.15.4、ZigBee 和 RF4CE 应用的一个真正的片上系统（SoC）解决方案。它能够以非常低的总材料成本建立强大的网络节点。CC2530 结合了领先的 RF 收发器的优良性能，业界标准的增强型 8051 CPU，系统内可编程闪存，8KB RAM 和许多其他强大的功能。CC2530 有四种不同的闪存版本：CC2530F32/64/128/256，分别具有 32/64/128/256KB 的闪存。本教材中 ZigBee 项目的开发使用了 CC2530F256 作为核心的单片机，它结合了德州仪器业界领先的黄金单元 ZigBee 协议栈（Z-Stack™），提供了一个强大、完整的 ZigBee 解决方案。此外，CC2530 具有不同的运行模式，使得它尤其适应超低功耗要求的系统。运行模式之间的转换时间短也进一步确保了低能源消耗。

目前，国内有很多公司和高校研制出了 ZigBee 相关的开发套件，本教材以创健电子科技有限公司的 CC2530 CJEZ 开发板为例进行硬件方面的介绍。

CC2530 CJEZ 开发板分为两款，一款配有 20 脚 12864 液晶（不带电池），一款没有液晶（带锂电池接口）。每款产品都分为底板和核心板。这种设计方式可以满足不同需求的用户。

本教材中所使用的是带锂电池的 ZigBee 开发板，它的核心板和底板如图 2-1 和图 2-2 所示，下面重点介绍该开发板硬件电路方面的设计。

图 2-1　ZigBee 核心板

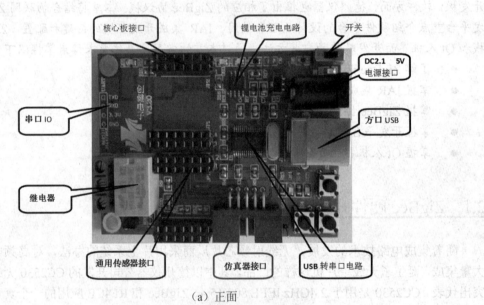

（a）正面

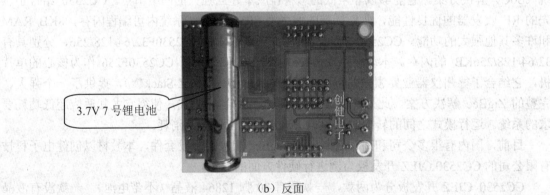

（b）反面

图 2-2　ZigBee 功能底板

2.1.1　核心板硬件资源

　　CC2530 CJEZ 核心板主要包括了 CC2530 单片机最小系统、晶振、天线接口以及引出的 I/O 扩展接口。CC2530 核心板电路如图 2-3 所示，下面首先对核心板的主要硬件电路设计进行讲解。

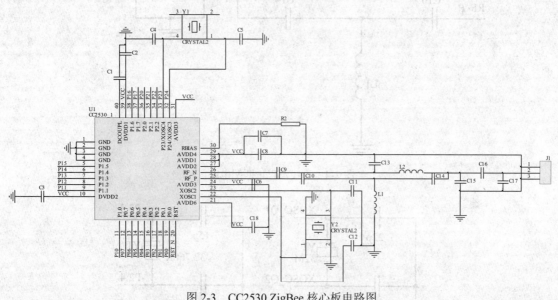

图 2-3　CC2530 ZigBee 核心板电路图

　　1. 射频收发电路

　　射频收发电路的功能是对传感器节点板的数据进行无线发送和接收。CC2530 单片机芯片的 RF_P 与 RF_N 管脚是一对差分输入输出信号，本开发板使用的天线是不平衡单极子天线，需使用巴伦匹配电路来进行射频收发信号的匹配，在整个基于 **ZigBee** 协议的无线组网过程中，天线及巴伦匹配电路的设计尤为重要，对通信距离、系统功耗等指标都有较大影响。匹配电路的设计可采用匹配芯片，也可先采用分立电容和电感元件来实现，本设计采用低成本的分立电容和电感元件实现电路匹配。J1 是天线。30 脚通过电阻接地，是内部电路需要的旁路电阻。天线及巴伦匹配电路设计如图 2-4 所示。

　　2. 外部晶振电路设计

　　CC2530 是 ZigBee 无线通信的芯片，需要两个晶振，通常一个是高频的 32MHz，另一个是低频的 32.768kHz，高频晶振用于射频收发时工作，低频晶振是为了减少芯片的功耗，在芯片睡眠时关闭内部某些电路，并以极低的频率工作，因此许多芯片都使用"低功耗"技术。晶振的接口电路如图 2-5 所示。

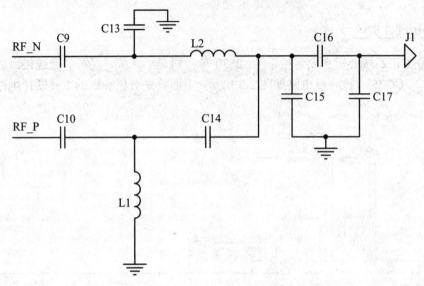

图 2-4　天线及巴伦匹配电路

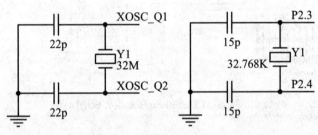

图 2-5　晶振接口电路

2.1.2　底板硬件资源

在进行 ZigBee 无线传感网络开发时，核心板无线通信部分的硬件是不变的，但各 ZigBee 传感节点需要安装不同的传感器和控制不同的外设,本开发板通过在底板上预留的通用传感器接口，使得底板的设计也做到了统一。下面对底板各部分电路进行讲解。

1. 电源电路设计

电源电路采用 5V 电源通过 DC-DC 降压芯片得到 3.3V 的工作电压,此外也可以采用 1 节 3.7V 锂电池供电，方便用户进行室外无线网络的数据通信测试，并可通过外接的 5V 电源进行充电。电源电路如图 2-6 所示。

2. 按键和 LED 电路设计

按键主要用于相关状态的输入，如复位，现场控制指令的发送等。LED 主要用于指示电路的工作状态，如组网成功、网络信号情况、数据传输状态等信息。按键和 LED 电路如图 2-7 所示。

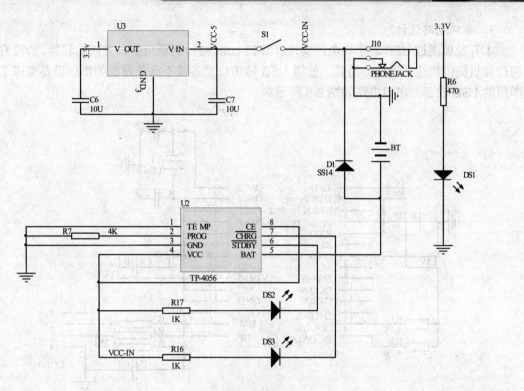

图 2-6　电源电路

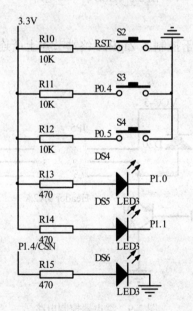

图 2-7　按键和 LED 电路

3. 串口电路设计

本开发板通过 USB 转串口电路实现计算机 USB 接口到通用串口之间的转换，为没有串口的计算机提供快速的通道。而且，使用 USB 转串口设备等于将开发板的串口设备变成了即插即用的 USB 设备。串口电路如图 2-8 所示。

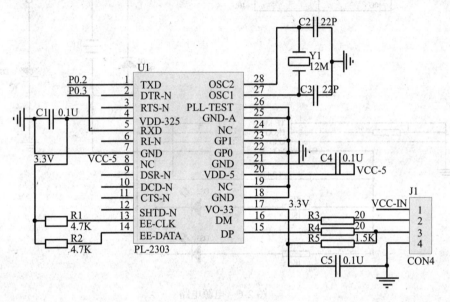

图 2-8 USB 转串口电路

4. 继电器控制电路

开发板上的继电器电路用于控制各 ZigBee 终端节点上所连接的外设通断，继电器电路如图 2-9 所示。

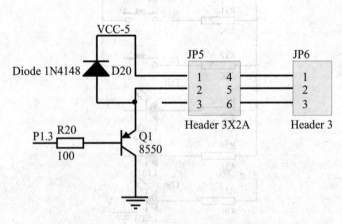

图 2-9 继电器控制电路

5. 调试和传感器通用接口

调试接口如图 2-10 所示，用于与仿真器相连进行代码的仿真调试。传感器通用接口用于连接不同种类的传感器模块，如图 2-11 所示。

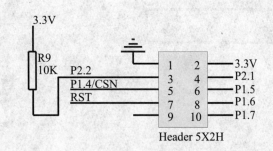

图 2-10　调试接口

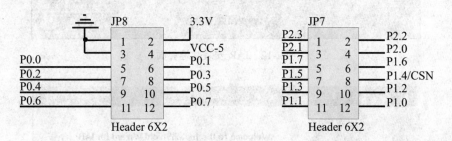

图 2-11　传感器通用接口

2.2　ZigBee 物联网软件开发平台的搭建

2.2.1　IAR 集成开发环境简介

IAR Embedded Workbench 的 C 语言交叉编译器是一款完整、稳定且容易使用的专业嵌入式应用开发工具。IAR 开发的最大优势就是能够直接使用 TI 公司提供的 Z-Stack 协议栈进行二次开发，开发人员只需要调用相关的 API 接口函数即可。在第四章开始的项目实施中将使用 IAR 集成开发环境对 ZigBee 协议栈进行二次开发，组建不同的无线网络。

安装 IAR Embedded Workbench 软件的方法，跟其他 Windows 应用程序的安装方法类似。

1. 具体安装步骤

（1）首先双击安装包中的 autorun.exe，出现如图 2-12 所示的欢迎界面，单击 Install IAR Embedded Workbench 选项。进入如图 2-13 所示的安装向导界面。

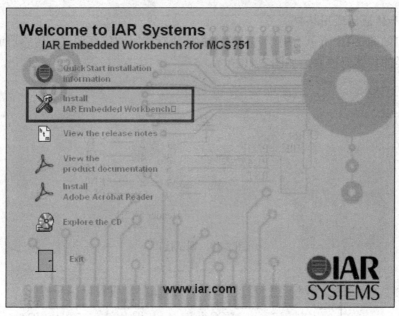

图 2-12　IAR 安装欢迎界面

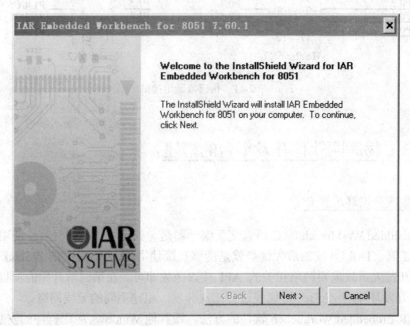

图 2-13　安装向导界面

（2）单击 Next 按钮至下一步，进入如图 2-14 所示的"接受序列号相关条例"对话框，选择接受许可协议，单击 Next 按钮。

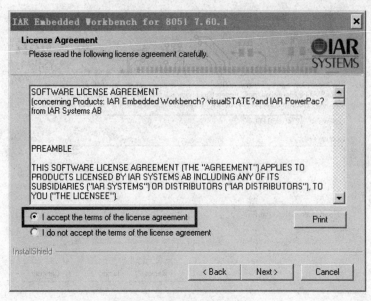

图 2-14　选择接受许可条例

（3）在如图 2-15 所示的"输入用户信息"对话框中，分别填写用户名字、公司以及认证序列，正确填写之后，单击 Next 按钮。

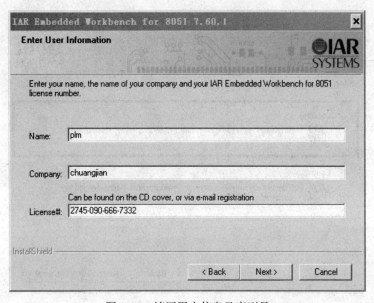

图 2-15　填写用户信息及序列号

（4）进入如图 2-16 所示的对话框，输入正确的认证序列号以及序列密钥后，单击 Next 按钮。

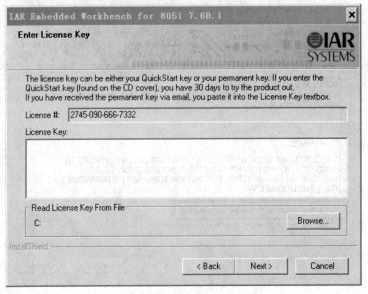

图 2-16　输入认证序列号和序列密钥

（5）选择完全安装或是自定义安装，在这里选择第 1 个即"完全安装"选项，如图 2-17 所示。继续单击 Next 按钮到下一步。

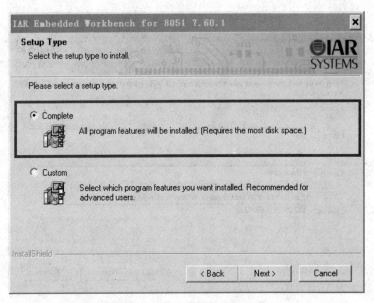

图 2-17　选择"完全安装"

（6）在如图 2-18 所示的对话框中，选择安装的路径，默认是在 C 盘安装。如果需要修改，单击 Change 按钮修改，完成设置之后，单击 Next 按钮。

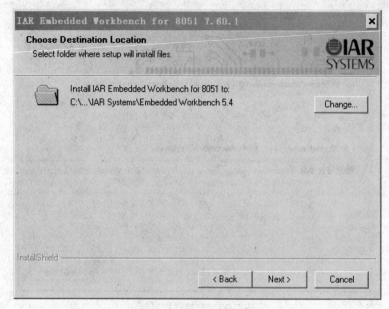

图 2-18　选择安装路径

（7）在如图 2-19 所示的对话框中，选择 Install 按钮正式开始安装。安装过程如图 2-20 所示。

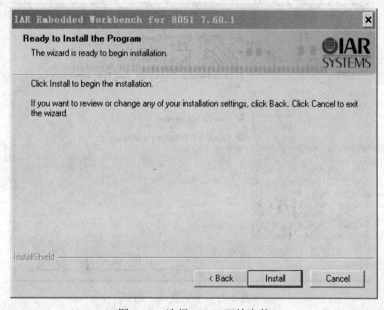

图 2-19　选择 Install 开始安装

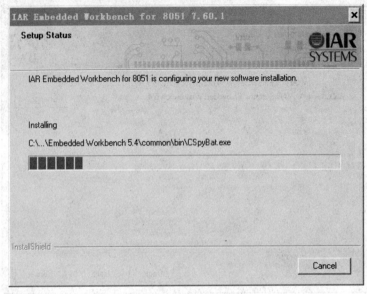

图 2-20　安装过程显示

（8）安装完成后，显示如图 2-21 所示的完成界面。单击 Finish 按钮，完成整个 IAR 的安装。

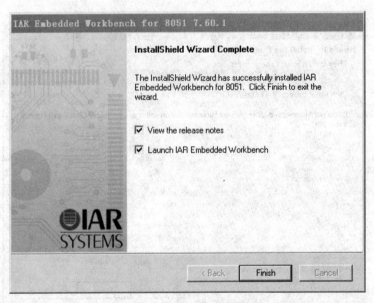

图 2-21　安装完成界面

2. 完成安装

完成安装后，可以从开始菜单中找到刚刚安装的 IAR 软件，如图 2-22 所示。

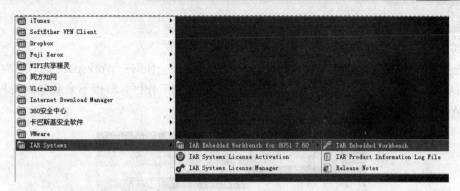

图 2-22　打开 IAR 运行界面

3. IAR 的运行

单击 IAR Embedded Workbench 选项，进入 IAR 运行环境，如图 2-23 所示。

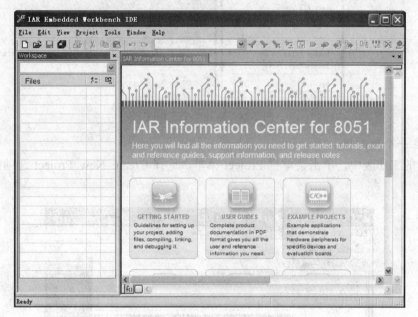

图 2-23　IAR 运行环境

2.2.2　IAR 操作指南

在 IAR 集成开发环境中，对应工程的编辑操作主要涉及以下几个方面的内容：

- 怎样创建一个工作区。
- 如何建立保存一个工程。
- 如何向工程中添加源文件。
- 如何编译源文件。

下面详细介绍 IAR 的使用方法。

1. 创建一个 IAR 工作区

首先打开 IAR Embedded Workbench，然后选择 File→New→Workspace 选项，如图 2-24 所示，可以建立一个新的工作区，将创建的新工程放入到工作区，即接下来新建的工程是属于新建的 Workspace 的。

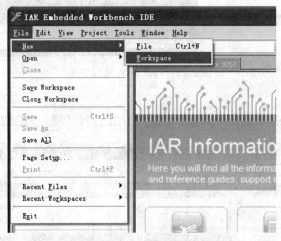

图 2-24　新建一个工作区

2. 建立一个新工程

在新建的工作区中，单击菜单栏 Project 菜单，选择 Create New Project 选项，如图 2-25 所示。

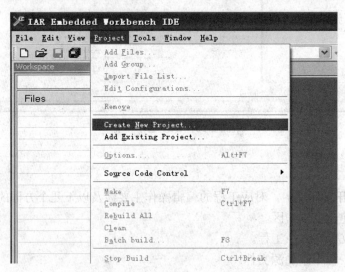

图 2-25　选择 Create New Project 选项

此时系统弹出如图 2-26 所示的"建立新工程"对话框，确认 Tool chain 栏已经选择 8051，在 Project templates 栏选择 Empty project 并单击下方的 OK 按钮。

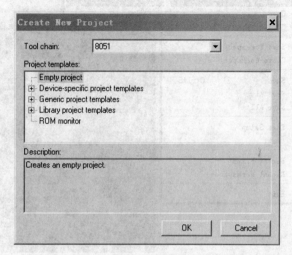

图 2-26　Create New Project 对话框设置

根据需要选择工程保存的位置并输入项目的文件名 Ledtest，注意：保存的文件名的扩展名为".ewp"，如图 2-27 所示。

图 2-27　输入项目的文件名

3．建立一个源文件

（1）接下来需要添加源文件到该项目，选择 File→New→File 选项新建源文件，如图 2-28 所示。

图 2-28 新建源文件

（2）在如图 2-29 所示的文件保存对话框中将源文件保存为 Led.c。

图 2-29 源文件保存为 Led.c

4. 添加源文件到工程

（1）将上述源文件添加到项目中，选择菜单栏 Project→Add Files 命令或在工作区窗口中，右击工程名，在弹出的快捷菜单中选择 Add Files 选项，如图 2-30 所示。

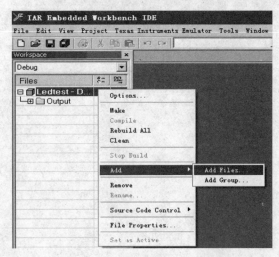

图 2-30　添加源文件至项目中

（2）在添加文件对话框中，选择 Led.c，完成之后，项目左边的 Workspace 栏已经发生了变化，如图 2-31 所示。

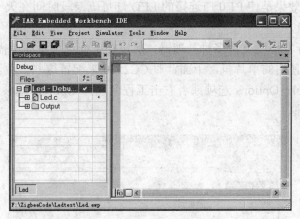

图 2-31　源文件添加进项目中

5．Led.c 文件功能代码实现

向 Led.c 文件中添加代码如程序清单 2.1 所示。

程序清单 2.1

```
#include <ioCC2530.h>        //该头文件包含了 CC2530 寄存器的宏定义
#define   LED1   P1_0        //定义 P10 口为 LED1 控制端
#define uint unsigned int     //无符号整型 0～65535
void Init_IO(void)
{
  P1SEL &=～0x01;            //作为普通 IO 口
  P1DIR |=0x01;
}
```

```
void delay(uint xms)
{
    uint i,j;
    for(i=xms;i>0;i--)
        for(j=1000;j>0;j--);

}

void main(void)
{
    Init_IO();
    while(1)
    {
        delay(1000);
        LED1=~LED1;
    }
}
```

程序说明：在 Init_IO()函数中，用到了 IO 口功能选择寄存器 P1SEL 和方向寄存器 P1DIR，这两个寄存器的详细使用方法需要用户参考 CC2530 单片机的数据手册。

上述程序实现的效果是使 P1.0 口连接的 LED 灯每隔一段时间亮灭一次。

6. 设置工程参数

由于 IAR 集成开发环境支持多种处理器，所以在工程选项页面中需要设置很多必要的参数，使其符合用户所使用的单片机，下面针对 CC2530 来配置这些参数。

（1）选择 Project→Options 选项或者右击工程名选择 Options 选项，弹出如图 2-32 所示的工程参数设置对话框。

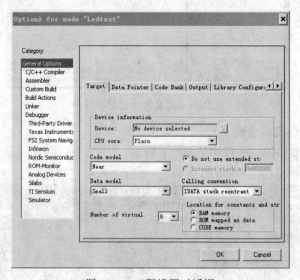

图 2-32　工程设置对话框

（2）General Options 选项。

在 Target 选项卡下，Device 栏选择 Texas Instruments 文件夹下的 CC2530F256.i51，如图 2-33 所示，Code model 和 Data model 栏的下拉菜单分别选择 Near 和 Large，设置 Calling convention 为 PDATA stack reentrant，如图 2-34 所示。

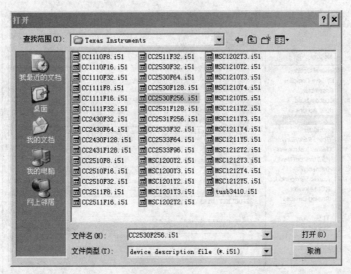

图 2-33   选择 CC2530F256.i51

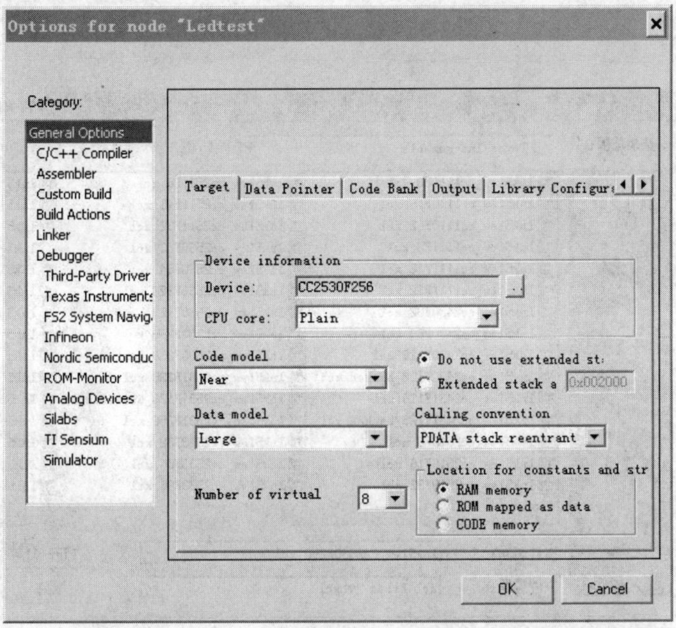

图 2-34   通用选项配置

（3）Linker 选项。

Config 选项卡的设置如下：单击 Linker command file 栏文本框右边的省略号按钮，选择正确的连接命令文件，勾选 Override default 复选框，在弹出的对话框中选择 lnk51ew_cc2530F256.xcl，如图 2-35 和图 2-36 所示。

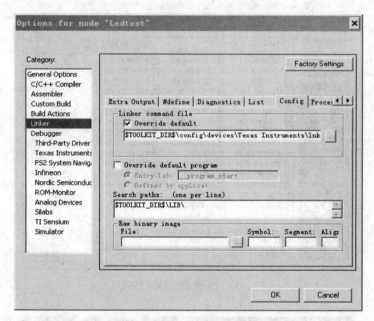

图 2-35　Config 选项卡设置

图 2-36　选择 lnk51ew_cc2530F256.xcl

（4）Debugger 选项。

Setup 选项卡下 Driver 栏设置为 Texas Instruments（使用编程器仿真），如图 2-37 所示。

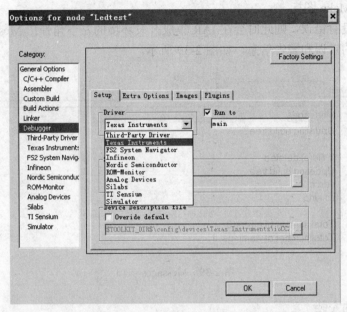

图 2-37　Driver 栏设置

在 Device Description file 栏选择 io8051.ddf 文件，如图 2-38 所示。

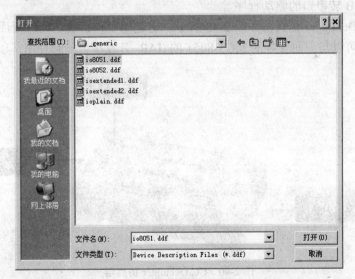

图 2-38　选择 io8051.ddf

以上设置均完成后，单击 OK 按钮则完成所有的工程配置工作。

7. 源文件的编译

配置好工程后，接下来就需要对工程中的源文件进行编译了，选择 Project→Make 选项或单击工具栏上的 Make 图标。

如果源文件没有错误，则此时会在 IAR 集成开发环境的左下角弹出 Messages 窗口，该窗口中显示源文件的错误和警告信息，如图 2-39 所示。

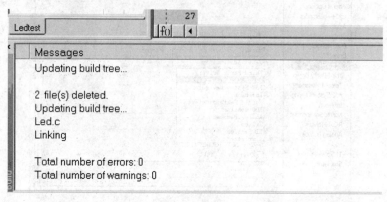

图 2-39　Messages 窗口

2.2.3　驱动程序的安装

ZigBee 开发板在程序的下载、仿真和调试时，需要安装一些必要的驱动程序，如仿真器的驱动程序、USB 转串口的驱动程序等。

ZigBee CC Debugger 仿真器如图 2-40 所示，它是用于 TI 低功耗射频片上系统的小型编程器和调试器，可以与前面安装的 MCS-8051 的 IAR 开发平台一起使用，以实现在线调试。

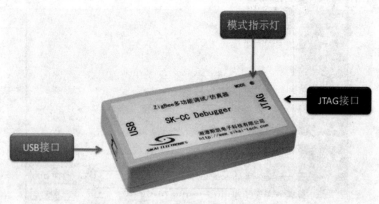

图 2-40　CC Debugger 仿真器

1. CC Debugger 仿真器驱动的安装

（1）这里将 CC Debugger 仿真器通过 USB 线缆插入电脑，第一次使用时，系统将提示找到新硬件。驱动程序可以在 IAR 的安装文件中找到（前提是已安装 IAR），选择从列表或指定位置安装，如图 2-41 所示，单击"下一步"按钮。

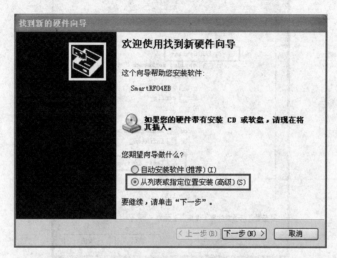

图 2-41 "找到新的硬件向导"对话框

（2）进入驱动位置选择对话框，选择"在这些位置上搜索最佳驱动程序"，并选中"在搜索中包括这个位置"复选框，单击"浏览"按钮，如图 2-42 所示。

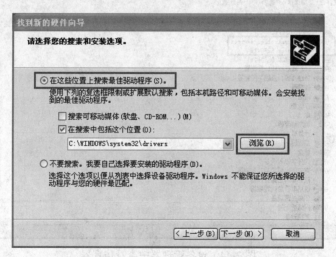

图 2-42 驱动安装选项

（3）在如图 2-43 所示的"浏览文件夹"对话框中选择驱动的路径，单击"确定"按钮。

（4）然后按系统提示直到完成安装，安装完成之后，重新拔插仿真器，如果在设备管理器中能找到如图 2-44 所示的 Chipcon SRF04EB（不同型号的仿真器提示略有不同，读者可根据实际情况进行判断），说明驱动安装完成。

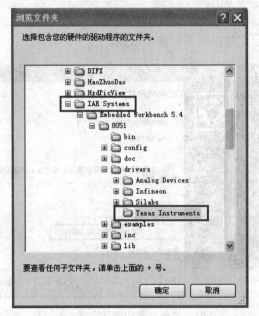

图 2-43　选择驱动所在位置

图 2-44　设备管理器中查看仿真器

2. USB 转串口驱动安装

PL2303 USB 转串口的驱动安装步骤也和传统的 Windows 应用程序类似，但在安装时先不要将 ZigBee 开发板插入电脑 USB 接口。驱动安装完成后，插入 ZigBee 开发板硬件，打开设备管理器可以看到操作系统虚拟的串口号，如图 2-45 所示。

图 2-45 查看虚拟的串口号

2.2.4 TI Z-Stack 协议栈的安装、编译和下载

协议是一系列的通信标准，通信双方需要共同按照这一标准进行正常的数据收发，而协议栈是协议的具体实现形式，虽然协议是统一的，但协议的具体实现形式是有区别的（如在 PC 机上广泛使用的 TCP/IP 网络协议，对于在 Windows 和 Linux 平台下的实现方法是不一样的）。简单的理解就是协议栈是协议和用户之间的一个接口，开发人员通过使用协议栈中相关的函数库来使用这个协议，进而实现无线数据的收发和传输。

本教材选用 TI 公司推出的 ZigBee 2007（也称 Z-Stack）协议栈进行项目开发，具体的版本为 ZStack-CC2530-2.3.0-1.4.0（可以从 TI 的官网免费下载），Z-Stack 的安装比较简单，安装在默认路径下即可（默认是安装到 C 盘根目录下），安装过程如图 2-46 所示。

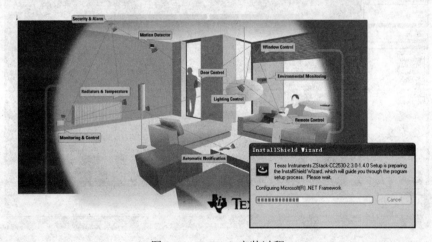

图 2-46 Z-Stack 安装过程

协议栈的安装路径如图 2-47 所示。这里包含了 TI 提供的具体相关实例和说明文档。

图 2-47　Z-Stack 中相关文件

通过使用 IAR 集成开发环境可以打开 Z-Stack 目录 Projects\zstack\Samples\Samples APP\CC2530DB 下的 SampleApp.eww 工程，由于 Z-Stack 协议栈本身已经经过配置，在程序编译前无需再进行 CC2530 单片机裸机开发时的设置，只需使用 TI 默认的配置，在编译下载前选择正确的 ZigBee 设备对象即可，如图 2-48 所示。

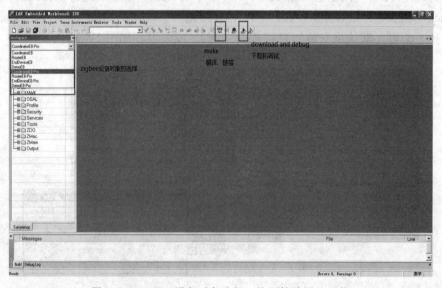

图 2-48　ZigBee 设备对象选择、协议栈编译及下载

2.2.5　Qt Creator 跨平台开发环境的安装

1. Qt 与 Qt Creator 简介

Qt 是一个跨平台应用程序和 UI 开发框架。使用 Qt 时，只需一次性开发应用程序，无需重新编写源代码，便可跨不同桌面和嵌入式操作系统部署这些应用程序。Qt Creator 是全新的跨平台 Qt IDE，可单独使用，也可与 Qt 库和开发工具组成一套完整的 SDK。其中包括：高级 C++ 代码编辑器，项目和生成管理工具，集成的上下文相关的帮助系统，图形化调试器，代码管理和浏览工具。

2. Qt 的功能与特性

- 直观的 C++类库：模块化 Qt C++ 类库提供一套丰富的应用程序生成块（block），包含了构建高级跨平台应用程序所需的全部功能。具有直观，易学、易用，生成好理解、易维护的代码等特点。

- 跨桌面和嵌入式操作系统的移植性：使用 Qt，只需一次性开发应用程序，就可跨不同桌面和嵌入式操作系统进行部署，而无需重新编写源代码，可以说 Qt 无处不在（Qt Everywhere）。

- 使用单一的源代码库定位多个操作系统。

- 通过重新利用代码可将代码跨设备进行部署。

- 无需考虑平台，可重新分配开发资源。

- 代码不受平台更改影响。

- 使开发人员专注于构建软件的核心价值，而不是维护 API。

- 具有跨平台 IDE 的集成开发工具：Qt Creator 是专为满足 Qt 开发人员需求而量身定制的跨平台集成开发环境（IDE）。Qt Creator 可在 Windows、Linux/X11 和 Mac OS X 桌面操作系统上运行，供开发人员针对多个桌面和移动设备平台创建应用程序。

- 在嵌入式系统上运行性能高，占用资源少。

3. Qt Creator 的功能和特性

- 复杂代码编辑器：Qt Creator 的高级代码编辑器支持编辑 C++和 QML（JavaScript）、上下文相关帮助、代码完成功能、本机代码转化及其他功能。

- 版本控制：Qt Creator 汇集了最流行的版本控制系统，包括 Git、Subversion、Perforce、CVS 和 Mercurial。

- 集成用户界面设计器：Qt Creator 提供了两个集成的可视化编辑器，有用于通过 Qt Widget 生成用户界面的 Qt Designer，以及用于通过 QML 语言开发动态用户界面的 Qt Quick Designer。

- 项目和编译管理：无论是导入现有项目还是创建一个全新项目，Qt Creator 都能生成所有必要的文件。包括对 cross-qmake 和 Cmake 的支持。

● 桌面和移动平台：Qt Creator 支持在桌面系统和移动设备中编译和运行 Qt 应用程序。通过编译设置可以在目标平台之间快速切换。

● Qt 模拟器：Qt 模拟器是诺基亚 Qt SDK 的一部分，可在与目标移动设备相似的环境中对移动设备的 Qt 应用程序进行测试。

4. Qt Creator 的下载

（1）下载 Qt 4.7.4 版本软件。

地址：http://get.qt.nokia.com/qt/source/qt-win-opensource-4.7.4-mingw.exe

下载文件：qt-win-opensource-4.7.4-mingw.exe

（2）下载 Qt Creator 2.1.0 版本软件。

地址：http://get.qt.nokia.com/qtcreator/qt-creator-win-opensource-2.1.0.exe

下载文件：qt-creator-win-opensource-2.1.0.exe

也可以到 ftp://ftp.qt-project.org/qt/source/查找相应的版本。

5. 安装 Qt Creator

（1）双击运行 qt-creator-win-opensource-2.1.0.exe，进入如图 2-49 所示的安装启动界面。

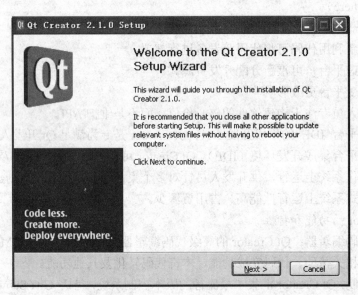

图 2-49　Qt Creator 安装启动界面

（2）选择默认的安装组件进行安装，如图 2-50 所示。

（3）在如图 2-51 所示的安装路径下，可以选择默认路径安装。注意修改安装路径时，在安装路径中不能有中文。这里安装路径为 C:\Qt\qtcreator-2.1.0。

6. 安装 Qt 库

（1）双击运行 qt-win-opensource-4.7.4-mingw.exe，进入如图 2-52 所示的安装启动界面。

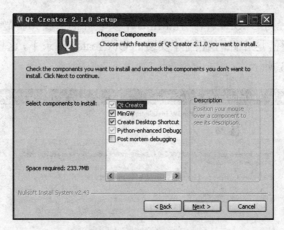

图 2-50　选择组件界面

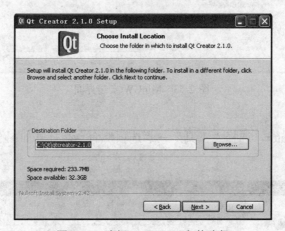

图 2-51　选择 Qt Creator 安装路径

图 2-52　Qt 库安装启动界面

（2）这里安装路径为 C:\Qt\4.7.4。在 MinGW 安装界面（窗口标题是 MinGW Installation）需要指定 MinGW 的路径，这个路径在刚才安装的 Qt Creator 目录下，这里路径为 C:\Qt\qtcreator-2.1.0\mingw，如图 2-53 所示。

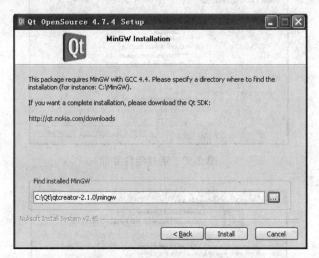

图 2-53   MinGW 安装界面

7. 参数设置

（1）打开 Qt Creator，选择"工具"→"选项"命令，打开如图 2-54 所示的"选项"对话框。

图 2-54   Qt "选项"对话框

（2）单击右上方的"+"按钮，在"版本名称"栏输入"4.7.4"，"qmake 路径"栏输入"C:\qt\4.7.4\bin\qmake.exe"，"MinGW 目录"栏输入"C:\Qt\qtcreator-2.1.0\mingw"。单击"确定"按钮，完成 Qt 版本设置，如图 2-55 所示。

图 2-55　Qt 版本设置

（3）右击"我的电脑"→"属性"→"高级"→"环境变量"命令，添加环境变量，将C:\Qt\4.7.4\bin 目录添加到 Path 中，如图 2-56 所示。

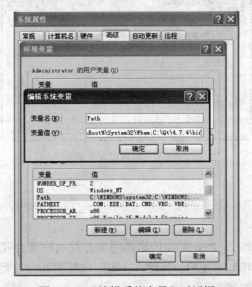

图 2-56　"编辑系统变量"对话框

8. 打开 Qt Creator

安装及设置完成之后，打开 Qt Creator 程序，显示如图 2-57 所示的界面。

图 2-57　Qt Creator 界面

9. "项目设置"对话框

通过新建工程模板，可以构建 Qt 应用程序，在如图 2-58 所示的"项目设置"对话框中可以看到 Qt4.7.4 版本被选择进 Qt 工程项目中。

图 2-58　"项目设置"对话框

本章小结

本章主要讲解了物联网 ZigBee 无线传感器网络开发的软硬件开发平台，给出了具体的硬件电路和软件的安装方法和基本配置。当然，在实际项目的开发过程中，读者需要根据具体要求选择和设计自己的软硬件资源。

第 3 章　ZigBee 无线网络开发基础

本章学习目标

本章主要介绍了 ZigBee 无线网络开发过程中涉及的一些重要概念，主要包括无线通信的基础知识，ZigBee 的概念和特点，与其他几种无线通信技术的异同。此外，为了能利用协议栈开发实际的 ZigBee 项目，本章接下来还将重点讲解 TI Z-Stack 协议栈软件架构和 Z-Stack 的开发基础。通过本章的学习，具体要求读者掌握以下目标：

- 了解一定的无线通信基础知识
- 掌握一些必要的 ZigBee 概念
- 了解几种不同的短距离无线通信方式的异同
- 掌握 Z-Stack 协议栈的软件架构
- 掌握 Z-Stack 协议栈开发过程中涉及的相关概念

3.1　无线通信基础

无线通信是利用电磁波信号可以在自由空间中传播的特性进行信息交换的一种通信方式。1897 年马可尼成功完成了在一个固定点与一艘拖船之间的无线通信实验，这标志着通信技术的发展进入了无线领域的新阶段。

无线通信系统（Wireless Communication System）是利用无线电磁波实现信息和数据传输的一种系统。它主要由发送设备、接收设备和无线信道三大部分组成。根据工作频段或传输手段分类，可以分为中波通信、短波通信、超短波通信、微波通信和卫星通信等。一个典型的宽带无线应急通信系统如图 3-1 所示。

1. 影响无线数据通信可靠性和距离的几个因素

（1）系统参数。

1）无线通信系统输出功率和接收机灵敏度：输出功率越大，信号覆盖范围越大，灵敏度越高，通信距离越远。从理论上说输出功率可无限制地增加，但实际上由于受成本或技术的限制，无线通信系统的输出功率也是有限的；接收灵敏度反映了接收机捕捉微弱信号的能力，接收灵敏度越高，通信距离也越远。但由于受自然界电磁噪声及工业污染、电子元器件固有噪声的影响，-123dBm（即 0.158uv）通常被认为是现代无线通信中纯硬件实现的接收灵敏度的极限值，很难突破，即使加上软件纠错也只能再改善 1～3dB，如果通信系统的接收灵敏度已接近这一极限值，则表示已无潜力可挖掘，要提高通信距离只能从其他方面着手。

图 3-1　宽带无线应急通信系统示意图

2）天线的增益和高度：天线的增益越高，通信距离也越远。当发射机采用高增益的定向天线时，能显著提高通信方向上的功率密度（场强），而接收机采用高增益定向天线时能显著改善信号/噪声比，并提高接收场强，从而大幅度提高通信距离。此外，在各种条件相同的前提下，天线距离地平面的高度越高，通信距离越远。

3）系统抗干扰能力：实际的通信环境总是存在着各种干扰源，在同样的发射功率和同样的接收灵敏度的前提下，系统的抗干扰能力越强，实际通信距离也越远。而影响无线通信系统抗干扰能力的因素也很多，主要与调制/解调方式、工作带宽、电路设计 PCB 板布局和退耦及屏蔽措施是否得当有关。

（2）环境因素。

1）有无障碍物，障碍物越密集，对无线通信距离的影响就越大，特别是金属物体的影响最大。

2）电磁环境：直流电机、高压电网、开关电源、电焊机、高频电子设备、电脑、单片机等设备对无线通信设备的通信距离均有不同程度的影响。

（3）其他因素。

1）气候条件：空气干燥时通信距离较远，空气潮湿（特别是雨、雪天气）通信距离较近，在产品容许的工作环境温度范围内，温度升高会导致发射功率减小及接收灵敏度降低，从而减小通信距离。

2）天线匹配：天线的频段和机器频段不一致，天线阻抗不匹配，都会严重影响无线通信的距离。

2. 提高无线通信距离的措施

当地理环境和电磁环境一定时，为了保证无线通信的稳定和可靠，并充分挖掘低电压微功率无线通信设备的潜力，又要做到经济实用，在工程设计中可考虑以下措施。

（1）尽可能提高天线的有效高度。

从计算通信距离的公式中可以看出，通信距离与收/发天线有效高度之积的平方根成正比，提高天线的有效高度能显著扩大通信距离。

（2）采用高增益天线。

天线是无源器件，其本身不能放大信号，但高增益天线能显著提高通信方向上的能量密度，提高信号/噪声比，从而扩大通信范围，其作用就与手电筒或是探照灯上的聚光镜相似。但高增益天线的成本较高，几何尺寸及重量都比较大，只适合于固定安装使用。因此，在一点对多点或多点对一点的无线通信组网中可考虑主机用高增益的全向天线，分机则根据距主机距离的不同选用不同增益的天线，对于固定安装并且距离主机特别远的分机可选用高增益的定向天线，而距离主机较近的分机可选用低成本的普通鞭状天线，以降低系统成本。

发射机采用高增益定向天线可显著提高通信方向上的信号强度，而接收机采用高增益定向天线可显著提高通信方向上的接收信号场强和信号/噪声比，从而大幅度地扩大通信距离，但只适合于同一个方向上的通信，并且成本也较高，天线的几何尺寸大，重量也较重，只适合于固定安装使用。

（3）尽量缩短射频电缆的长度。

用于连接无线通信系统与室外天线的射频同轴电缆对射频信号也有一定的损耗，例如 50-3 型电缆的损耗为 0.2dB/m，50-7 型电缆的损耗为 0.1dB/m，50-9 型电缆的损耗为 0.07dB/m，电缆越长，损耗就越大，对所传输射频信号损耗的增大又会导致通信距离的下降，所以必要时可将射频组件直接装在室外天线的底部，而射频组件与用户系统间的连线则采用多芯屏蔽电缆连接。

（4）尽量远离各种干扰源。

距干扰源越近，信号/噪声比就越低，也会导致通信距离下降。必要时可分别对数传模块和会产生电磁干扰的部件采取屏蔽措施，并用特性阻抗为 50Ω 的射频同轴电缆将天线引到远离干扰源的地方，同时与射频组件相连的电源线、信号线也采用屏蔽电缆，并增加必要的滤波网络，以最大幅度地抑制干扰，充分发挥接收机高灵敏度的优势。

（5）优先采用抗干扰能力强的无线通信产品。

当无线通信接收机处在电磁干扰较大的环境中工作时，如果抗干扰能力跟不上，接收灵敏度高将变得毫无意义，此时应优先采用抗干扰能力较强的产品，如果是数字通信系统还应优先采用有软件纠错功能的产品。

（6）防雷、防水、防潮。

对于采用室外天线的系统，必须采取避雷、防雷措施，如加装避雷针、避雷器，同时，对于露天架空的供电电源线、信号传输线也要采取避雷防雷措施，以防雷电从电缆串入机器。对于露天安装的射频组件还应采取防水措施，以防下雨时雨水进入机器。如果设备不是长期通电或不经常使用，而空气又比较潮湿，则还应采取防潮措施，例如在机壳内适当地方放置并定期更换干燥剂。总之，要防止机器进水和受潮，以免电路组件因发霉、生锈而失效。

3. ISM 开放频段

为了能够区分不同的信号，通常以信号的频率来做标志，因此在无线通信技术中频率是非常重要的资源。世界各国都有相关的无线电管理部门来负责管理本国的无线频率资源，建设使用无线通信的网络都需要经过这些部门的审批，并购买一定范围频率资源的使用权才可以开始运营。唯有如此，才能保证各种使用无线信号的行业之间不会互相冲突，各自在规定的频率范围内工作。

各国的无线管理部门也规定了某些频段不需许可就可以免费使用，以满足不同的需要。这些频段通常是开放给工业（Industrial）、科学（Scientific）、医学（Medical）三个主要机构使用，称为 ISM 频段。ISM 频段在各国的规定并不统一。在美国，美国联邦通讯委员会（FCC）管理无线电频谱的分配。可用的免许可证频段包括：27MHz、260~470MHz、902~928MHz和最常用的 2.4GHz 频段。其中 260~470MHz 频段对数据传送的类型有所限制，而其他频段则没有这样的限制。欧洲所分配的 ISM 频率为 433MHz、868MHz 和 2.4GHz。中国目前可以使用的 ISM 频率是 433MHz 和 2.4GHz。

除了 ISM 频段外，在中国整个低于 135kHz，在北美、南美和日本低于 400kHz，也都是可以免费使用的频段。各国对无线频谱资源的管理，不仅规定了相关的 ISM 开放频段，同时也规定了在这些频率上所使用的发射功率。在实际使用这些频率时，需要查阅各国无线频谱管理机构的具体技术要求。

3.2 ZigBee 概念与特点

ZigBee 是基于 IEEE 802.15.4 标准的低功耗个域网协议。根据这个协议规定的技术是一种短距离、低功耗的无线通信技术。这一名称来源于蜜蜂的八字舞，蜜蜂（Bee）是靠飞翔和"嗡嗡"（Zig）地抖动翅膀的"舞蹈"来与同伴传递花粉所在方位信息，也就是说蜜蜂依靠这样的方式构成了群体中的通信网络。其特点是近距离、低复杂度、自组织、低功耗、低数据速率、低成本，主要适合用于自动控制和远程控制领域，可以嵌入各种设备终端。简而言之，ZigBee 就是一种便宜的、低功耗的近距离无线组网通信技术。所以，ZigBee 主要应用在短距离范围内且数据传输速率不高的各种电子设备之间。

ZigBee 技术弥补了低成本、低功耗和低速率无线通信市场的空缺。中国物联网校企联盟认为，ZigBee 作为一种短距离无线通信技术，由于其网络可以便捷地为用户提供无线数据传输功能，因此在物联网领域具有非常强的可应用性。ZigBee 联盟预言在未来的四到五年，每个家庭将拥有 50 个 ZigBee 器件，最后将达到每个家庭 150 个。

ZigBee 一共定义了三种物理层基带方式，可工作在 868MHz、915MHz 和 2.4GHz 3 个频段上，分别具有最高 20kbps、40kbps 和 250kbps 的传输速率，ZigBee 的传输距离一般在 10~100m 左右（10mW 的发射功率），如果要增加传输距离，需要增加发射的功率。

ZigBee 技术的主要特点包括以下几个部分。

- 数据传输速率低：最大是 250k 字节/秒，专注于低传输速率应用。
- 功耗低：其工作功耗远小于 WiFi 的工作功耗。
- 抗干扰性强：在低信噪比的环境下，ZigBee 具有很强的抗干扰性能；在相同的环境中，ZigBee 抗干扰性能远远好于蓝牙和 WiFi。
- 成本低：因为 ZigBee 数据传输速率低，协议简单，所以大大降低了成本。且 ZigBee 协议免收专利费。
- 时延短：通常时延都在 15 毫秒至 30 毫秒之间。
- 高安全性：ZigBee 提供了数据完整性检查和鉴权功能，加密算法采用 AES-128，同时可以灵活确定其安全属性。
- 高可靠性：ZigBee 在物理层和通信协议设计上保证了通信的高可靠性，这点对高要求的工业级应用非常重要。
- 网络容量大：每个 ZigBee 网络最多可支持 65535 个设备，也就是说，每个 ZigBee 设备可以与另外 65535 台设备相连接。
- 优良的网络拓扑能力：ZigBee 具有星型、树型和网格网络的拓扑结构，并且 ZigBee 无线网络具有自组织和自愈的能力。
- 有效范围灵活、布网容易：ZigBee 网络有效覆盖范围从标准的 75 米，到扩展后的几百米，甚至几公里，具体依据实际发射功率的大小和各种不同的应用模式而定。另外，通过 ZigBee 无线路由器极大降低了 ZigBee 网络布网及调试的难度和时间，并消除了无线通信死角。
- 工作频段灵活：使用的频段分别为 2.4GHz（全球）、868MHz（欧洲）及 915MHz（美国），均为免执照频段。

3.3　ZigBee 无线传感网络

1. 无线传感网络概述

无线传感网络（Wireless Sensor Network）是由部署在监测区域内的大量传感器以自组织和多跳的方式构成的，以协作方式感知、采集、传输和处理网络覆盖区域内监测对象信息的无线网络。传感器、感知对象和观察者构成了无线传感网络的 3 个要素。

通俗地讲，无线传感网络是一种由大量小型传感器所组成的网络。这些小型传感器一般称作传感器节点（Sensor Node）或者尘粒（Mote）。此种网络中一般也有一个或几个基站（Sink）用来集中从小型传感器收集的数据。

传感器节点是一种非常小型的计算机，一般由以下几部分组成。

（1）处理器和内存（一般能力都比较有限）。

（2）各类传感器（温度、湿度、声音、加速度、全球定位等）。

（3）通讯设备（一般是无线电收发器或光学通信设备）。

（4）电池（一般是干电池，也可以使用太阳能电池）。

（5）其他设备，包括各种特定用途的芯片和串行、并行接口等（USB，RS232）。

2. ZigBee 无线传感网络系统特点

ZigBee 无线传感网络是基于 IEEE 802.15.4 技术标准和 ZigBee 网络协议而设计的无线数据传输网络。该网络系统主要用于短距离无线系统连接，提供传感器或二次仪表无线双工网络接入，能够满足对各种传感器的数据输出、输入控制命令和信息的需求，并且使现有系统网络化、无线化。系统设计可允许使用第三方的传感器、执行器件或低带宽数据源。

ZigBee 无线传感网络系统的主要特点如下。

（1）支持 ZigBee 网络协议。

ZigBee 无线传感网络支持 ZigBee 网络协议，数据传输中采用多层次握手方式，来保证数据传输的准确可靠。它采用 2.4GHz 频率，功率小、灵活度高，符合环保要求及国际通用无需批准的规范。

（2）组网灵活，配置快捷。

无线传感器网络系统非常易于快捷配置，组网接入灵活、方便，几个、几十个或几百个传感器节点均可，理论最多可达 65535 个。可以在需要安放传感器的地方任意布置，无需电源和数据线，增加和减少数据节点非常容易。由于没有数据线省去了综合布线的成本，传感器无线网络更容易应用，安装成本非常低。

（3）节点功耗低。

系统节点耗电低，电池使用时间长，支持各种类型传感器和执行器件。

（4）双向传送数据和控制命令。

系统不但可以从网络节点传出数据，而且其双向通信功能可以将控制命令传到与无线终端相连的传感器、无线路由器，也可将数据送入到网络显示或控制远程设备。

（5）全系统可靠性自动恢复功能。

系统内置冗余可以保证万一某个节点不在网络系统中，节点数据将自动路由到一个替换节点，以保证系统的可靠稳定。

（6）迅速、简单的自动配置。

系统具有无线传感器网络终端自动配置，可根据终端节点上 LED 灯的颜色变化，判断该终端节点是否还在网络中。

3.4 几种短距离无线通信技术

近几年来，全球通信技术日新月异，各种技术层出不穷。尤其是近 2～3 年来，无线通信技术的发展速度与应用领域已经超过了固定通信技术，呈现出如火如荼的发展态势。

短距离无线通信系统具有低成本、低功耗和对等通信三个重要特征和优势。终端间的直通能力即实现对等通信是短距离无线通信的重要特征，这有别于长距离无线通信技术。终端之间的对等通信，不需要网络基础设施进行中转，因此接口设计和高层协议相对比较简单，无线资料的管理最常采用的竞争方式为载波侦听。

目前主流的短距离无线通信技术包括蓝牙（Bluetooth）、WiFi、ZigBee、NFC、UWB 等，它们之间的简单比较如表 3-1 所示。

表 3-1　几种常用通信技术的比较

	蓝牙	WiFi	ZigBee	nfc	UWB
成本	较低	较高	最低	较低	最高
电池寿命	几天	几天	几年	不需电池	几小时
有效距离	10m	100m	10～100m	20cm	30m
传输速率	1～3Mbps	5.5/11Mbps	20/40/250kbps	424kbps	40～600Mbps
采用协议	802.15.1	802.11b	802.15.4	ISO/IEC18092 ISO/IEC21481	未制定
通信频率	2.4GHz	2.4GHz	868MHz/915MHz/2.4GHz	13.56MHz	3.1～10.6GHz

1. 蓝牙技术

蓝牙是一种无线数据与语音通信的开放全球规范，以低成本的短距离无线连接为基础，其实质内容是为固定设备或移动设备之间的通信环境建立通用的近距离无线接口，将通信技术与计算机技术进一步结合起来，使各种设备在没有电缆相互连接的情况下，能在近距离范围内实现相互通信或操作。其传输频段为全球公众通用的 2.4GHz ISM 频段，提供 1～3Mbps 的传输速率和 10m 的传输距离。蓝牙技术的典型应用如图 3-2 所示。

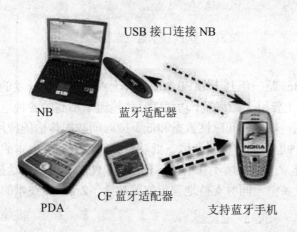

图 3-2　蓝牙技术典型应用示意图

2. WiFi 技术

WiFi（Wireless Fidelity）是一种可以将个人电脑、手持设备（如PDA、手机）等终端以无线方式互相连接的技术，事实上它是一个高频无线电信号。无线保真是一个无线网络通信技术的品牌，由WiFi 联盟所持有。目的是改善基于 IEEE 802.11 标准的无线网络产品之间的互通性。

WiFi 技术与蓝牙技术一样，同属于在办公室和家庭中使用的短距离无线技术。该技术使用的是 2.4GHz 附近的频段，该频段目前尚属没用许可的无线频段。WiFi 是以太网的一种无线扩展，理论上要求用户位于一个接入点四周的一定区域内，但实际上，如果有许多用户同时通过一个接入点接入，带宽被多个用户分享。WiFi 的连接速度一般只有几百 kbps，信号不受墙壁阻隔，在建筑物内的有效传输距离小于户外。WiFi 技术的典型应用如图 3-3 所示。

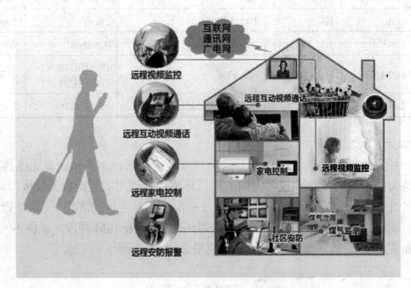

图 3-3　WiFi 技术典型应用示意图

3. ZigBee 技术

前面已介绍，ZigBee 是一组基于 IEEE 802.15.4 无线标准研制开发的有关组网、安全和应用软件方面的协议，其主要用于距离短、功耗低且传输速率不高的各种电子设备之间进行数据传输以及典型的有周期性数据、间歇性数据和低反应时间数据传输的应用。

ZigBee 技术是一种近距离、低复杂度、低功耗、低速率、低成本的双向无线通信技术。ZigBee 技术的目标是建立一个无所不在的传感器网络，使之适用于自动控制和远程控制领域，并且可以嵌入到各种设备中，同时支持地理定位等功能。ZigBee 技术的典型应用将在下一小节中进行介绍。

4. NFC 技术

NFC 技术由非接触式射频识别（RFID）演变而来，由飞利浦半导体（现恩智浦半导体公司）、诺基亚和索尼共同研制开发，其基础是 RFID 及互连技术，可以在移动设备、消费类电子产品、PC 和智能控件工具间进行近距离无线通信。近场通信是一种短距高频的无线电技术，在 13.56MHz 频率运行于 20cm 距离内。其传输速度有 106 kbps、212 kbps 或者 424 kbps 三种。近场通信已通过 ISO/IEC IS 18092 国际标准、EMCA-340 标准与 ETSI TS 102 190 标准。NFC 采用主动和被动两种读取模式。

NFC 提供了一种简单、触控式的解决方案，可以让消费者简单直观地交换信息、访问内容与服务。目前这项技术在日韩已被广泛应用。手机用户凭着配置了支付功能的手机就可以行遍全国：他们的手机可以用作机场登机验证、大厦的门禁钥匙、交通一卡通、信用卡、支付卡等等。NFC 技术的典型应用如图 3-4 所示。

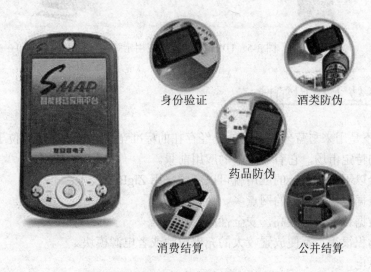

图 3-4 NFC 技术典型应用示意图

5. UWB 技术

UWB（Ultra WideBand）是一种无载波通信技术，利用纳秒至微微秒级的非正弦波窄脉冲传输数据。有人称它为无线电领域的一次革命性进展，认为它将成为未来短距离无线通信的主流技术。

UWB 无线通信不用载波，而采用时间间隔极短（小于 1ns）的脉冲进行通信的方式，通过在较宽的频谱上传送极低功率的信号，UWB 能在 10 米左右的范围内实现数百 Mbps 至数 Gbps 的数据传输速率。它的抗干扰性能强，传输速率高，系统容量大，发送功率非常小，通信设备可以用小于 1mW 的发射功率就能实现通信。低发射功率大大延长了系统电源工作的时间。而且，发射功率小，其电磁波辐射对人体的影响也会很小，使得 UWB 比较适合家庭无线消费市场的需求。UWB 尤其适合近距离高速传递大量多媒体数据，加上可以穿透障碍物的突出优点，使很多商业公司将其看作一种很有前途的无线通信技术，应用于诸如将音视频信号从机顶盒无线传送到数字电视等家庭场合。UWB 技术典型应用如图 3-5 所示。

图 3-5　UWB 技术典型应用示意图

3.5　ZigBee 技术应用领域

ZigBee 并不是用来与蓝牙或者其他已经存在的标准竞争，它的目标定位于现存的系统还不能满足需求的特定市场，它有着广阔的应用前景。

通常，符合以下条件之一的应用就可以考虑采用 ZigBee 技术：

- 需要数据采集或监控的网点多。
- 要求数据传输可靠性高，安全性高。
- 设备体积很小，不便放置较大的充电电池或者电源模块。
- 电池供电。
- 地形复杂，监测点多，需要较大的网络覆盖。
- 现有移动网络的覆盖盲区。
- 使用现存移动网络进行低数据量传输的遥测遥控系统。
- 使用 GPS 效果差，或成本太高的局部区域移动目标的定位应用。

目前，ZigBee 的应用领域主要有以下几个方面，这些应用不需要很高的数据吞吐量和连续的状态更新，重点在低功耗，从而最大程度地延长电池的寿命，减少 ZigBee 网络的维护成本。

1. 智能家居领域

家庭自动化系统作为电子技术的集成被得到迅速发展。ZigBee 模块可安装在电视、电灯、遥控器、门禁系统、空调系统和其他家电产品上。同样，也可以通过 ZigBee 传感器节点收集家庭中的各种信息，通过网关发送到本地或者远程的终端设备上，或者通过终端设备实现远程控制的目的，从而实现家居生活的自动化、网络化和智能化。智能家居领域的典型应用如图 3-6 所示。

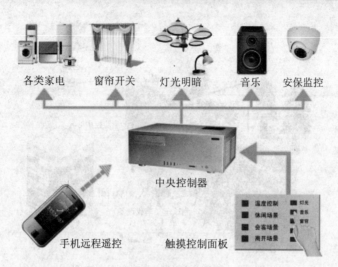

图 3-6　智能家居典型应用示意图

2. 工业领域

利用 ZigBee 无线传感网络，使得数据的自动采集、分析和处理变得更加容易，利于工厂整体信息的掌握，例如危险化学品成分的检测、火警的感测和通知、高速旋转机器的检测和维护、产品位置定位等。工业领域的典型应用如图 3-7 所示。

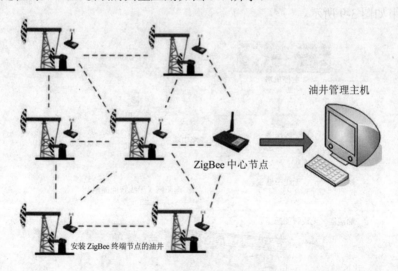

图 3-7　工业领域典型应用示意图

3. 智能交通领域

如果在街道、高速公路及其他地方分布式安装大量的 ZigBee 终端定位设备，通过安装在汽车里的设备获取当前所处的位置，你就不会再担心会迷路，这种新的分布式系统能够向你提供比 GPS 更精确、更具体的信息，且可以覆盖到室内。智能交通领域的典型应用如图 3-8 所示。

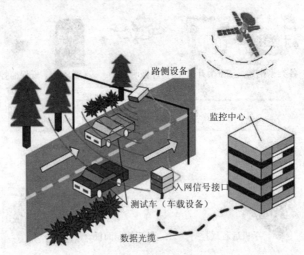

图 3-8 智能交通领域典型应用示意图

4. 智能农业领域

在农业领域，由于传统农业主要使用孤立的、没有通信能力的机械设备，主要依靠人力监测农作物的生长情况。采用传感器和 ZigBee 网络后，农业领域将可以逐渐向以信息和软件为中心的生产模式，使用更多自动化、网络化、智能化和远程控制的设备来耕种。智能农业领域的典型应用如图 3-9 所示。

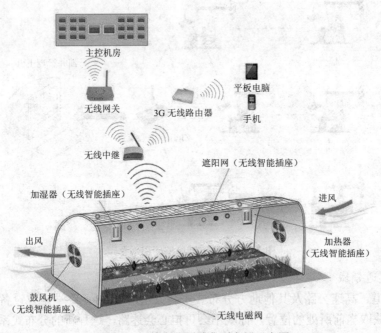

图 3-9 智慧农业领域典型应用示意图

5. 医疗领域

在医疗监控等领域，借助于各种传感器和 ZigBee 网络，医生可以准确、实时地监测病人的血压、体温和心跳速度等信息，从而减少其查房的工作负担，有助于医生做出快速的反应。特别是对重病和病危患者的监护治疗。医疗领域的典型应用如图 3-10 所示。

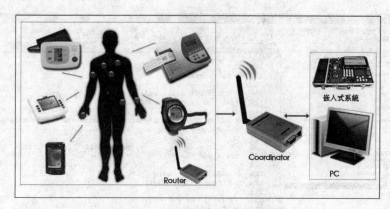

图 3-10   医疗领域的典型应用示意图

3.6   TI Z-Stack 软件架构

2007 年 1 月，TI 公司宣布推出 ZigBee 协议栈（Z-Stack），并于 2007 年 4 月提供免费下载版本。Z-Stack 软件因其出色的 ZigBee 与 ZigBee PRO 特性集被 ZigBee 测试机构国家技术服务公司（NTS）评为 ZigBee 联盟最高业内水平，目前该软件已为全球数以千计的 ZigBee 开发人员广泛采用。Z-Stack 还可为 CC2530 片上系统以及带硬件定位检测引擎的 CC2531 提供支持，从而使 ZigBee 应用能根据节点所处的当前位置改变行为。

Z-Stack 实际上是帮助程序员方便开发 ZigBee 的一套系统，它采用轮转查询式操作系统，核心思想就是"轮转"和"查询"，包括两个主要流程：系统初始化和执行操作系统，如图 3-11 所示。系统初始化完成后，就进入执行操作系统，并且在其中是一个死循环。执行操作系统中主函数即为轮询式操作系统的主体部分，也是需要重点开发、调用和掌握的部分。

图 3-11   协议栈主要流程

Z-Stack 协议栈的 main 主函数在 ZMain.c 文件中，如图 3-12 所示，这也是整个协议栈的入口点，即从该函数开始执行。总体上来说，它一共做了两件工作，一个是系统初始化，即由启动代码来初始化硬件系统和软件架构需要的各个模块，另一个作用就是开始执行操作系统实体，操作系统的主要工作是安排各任务中具体事件的执行时间。

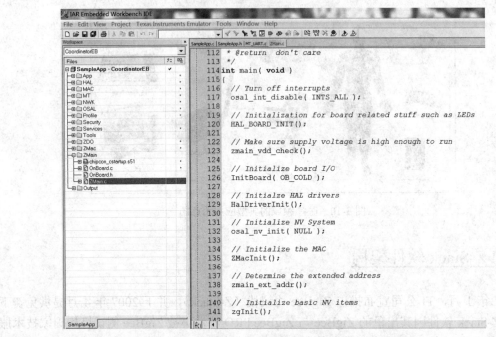

图 3-12　协议栈 main 主函数

3.6.1　系统初始化

系统启动代码需要完成初始化硬件平台和软件架构所需要的各个模块，为操作系统的运行做好准备工作。具体初始化流程和对应的初始化函数如图 3-13 所示，主要分为初始化系统时钟、检测芯片工作电压、初始化堆栈、初始化各个硬件模块、初始化 FLASH 存储、形成芯片 MAC 地址、初始化非易失量、初始化 MAC 层协议、初始化应用帧层协议、初始化操作系统等十余部分。

在这十余个初始化函数中，操作系统的初始化是一个比较重要的函数，因为里面包含了操作系统的任务初始化函数 "osalInitTasks();"，相关代码如程序清单 3.1 所示。

程序清单 3.1

```
/*********************************************
*函数名：osalInitTasks
*功能描述：调用各个任务的初始化函数并注册
*参数：无
*返回：无
```

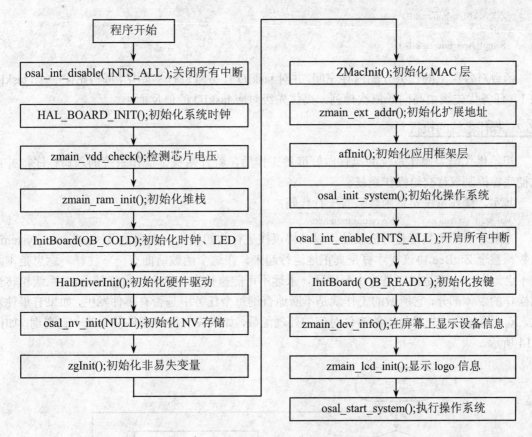

图 3-13　协议栈初始化流程图

```
*/
void osalInitTasks( void )
{
    uint8 taskID = 0;
    // 分配内存，返回指向缓冲区的指针
    tasksEvents = (uint16 *)osal_mem_alloc( sizeof( uint16 ) * tasksCnt);
    osal_memset( tasksEvents, 0, (sizeof( uint16 ) * tasksCnt));
    macTaskInit( taskID++ );
    nwk_init( taskID++ );
    Hal_Init( taskID++ );
#if defined( MT_TASK )
    MT_TaskInit( taskID++ );
#endif
    APS_Init( taskID++ );
#if defined ( ZIGBEE_FRAGMENTATION )
    APSF_Init( taskID++ );
#endif
    ZDApp_Init( taskID++ );
#if defined ( ZIGBEE_FREQ_AGILITY ) || defined ( ZIGBEE_PANID_CONFLICT )
```

```
    ZDNwkMgr_Init( taskID++ );
#endif
    SampleApp_Init( taskID );
}
```

函数对各层上的任务分配内存空间，并对 taskID 任务号进行初始化，每初始化一个，taskID 加 1。任务优先级由高向低依次排列，高优先级对应 taskID 的值反而小。

3.6.2　操作系统的执行

初始化代码为操作系统的执行做好准备工作后，就开始执行操作系统的入口程序，并由此彻底将控制权移交给操作系统。

其实，操作系统实体函数只有一行代码：

```
Osal_start_system();        //No return from here
```

在此之前的函数都是对板载硬件以及协议栈进行的初始化，直到调用 Osal_start_system() 函数，整个 ZigBee 协议栈才算是真正地运行起来。在这个函数后面有一条注释，意思是本函数不会返回，也就是说它是一个死循环，永远不可能执行完。这个函数就是 osal 系统轮转查询操作的主体部分，它所做的工作就是不断地查询每个任务中是否有事件发生，如果有事件发生，就调用相应优先级最高的事件对应的处理函数，如果没有任何事件发生就一直查询，如图 3-14 所示。

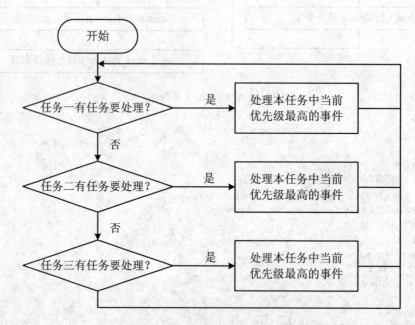

图 3-14　任务轮转查询式操作系统工作流程

协议栈中这个函数的具体实现代码和相关注释如程序清单 3.2 所示，其实这个函数就是在一个无限的循环中。

程序清单 3.2

```
void osal_start_system( void )
{
#if !defined ( ZBIT )
  for(;;)                            //Forever Loop

#endif
  {
    uint8 idx = 0;
    Hal_ProcessPoll();               //This replaces MT_SerialPoll() and osal_check_timer()
    do {
      if (tasksEvents[idx])          //最高优先级任务被找到
      {
        break;
      }
    } while (++idx < tasksCnt);      //其中 tasksCnt 为 tasksArr 数组中元素的个数

    //得到了待处理的具有最高优先级任务的索引号  idx
    if (idx < tasksCnt)
    {
      uint16 events;
      halIntState_t intState;
      // 进入/退出临界区，来提取出需要处理任务中的事件
      HAL_ENTER_CRITICAL_SECTION(intState);
      events = tasksEvents[idx];
      tasksEvents[idx] = 0;          //Clear the events for this task
      HAL_EXIT_CRITICAL_SECTION(intState);    //通过指针调用来执行对应的任务处理函数
      events = (tasksArr[idx])( idx, events );
      //进入/退出临界区，保存尚未处理的事件
      HAL_ENTER_CRITICAL_SECTION(intState);
      tasksEvents[idx] |= events;    //Add back unprocessed events to the current task
      HAL_EXIT_CRITICAL_SECTION(intState);
    }                                //本次事件处理结束

#if defined( POWER_SAVING )
    else                             //所有的任务事件都被查询结束后，没有任何事件被激活
    {
      osal_pwrmgr_powerconserve();   //系统进入休眠状态
    }
#endif
  }
}
```

这个函数是 ZigBee 协议栈的灵魂，它的实现方法就是不断地查看事件表，如果有事件发生就调用相应的事件处理函数。

操作系统专门分配了存放所有任务事件的 tasksEvents[]数组，每一个单元对应存放着每一个任务的所有事件，在这个函数中首先通过一个 do-while 循环来遍历 tasksEvents[]，找到一个具有待处理事件优先级最高的任务，序号低的任务优先级高，然后跳出循环，此时，就得到了

最高优先级任务的序号 idx，然后通过 events=tasksEvents[idx]语句，读取当前具有最高优先级的任务事件，接着就调用(tasksArr[idx])(idx,events)函数来执行具体的处理函数了，taskArr[]是一个函数指针数组，指向了事件处理函数，根据不同的 idx 就可以执行不同的函数。

那么，操作系统默认具体要执行哪些任务，分别对应哪些任务处理函数呢？TI 的 Z-Stack协议栈中给出了几个示例工程来演示 Z-Stack，每个例子对应一个项目，分别是 GenericApp、SampleApp 和 SimpleApp。对于这三个不同的项目来说，大部分代码是相同的，只是在用户应用层添加了不同的任务及事件处理函数。在 SampleApp 这个例子中，几个任务函数组成了上述的 tasksArr 函数指针数组，由 Osal_在 SampleApp.c 中定义，osal_start_system()函数通过函数指针(tasksArr[idx])(inx,events)调用。tasksArr 数组代码及相关注释如程序清单 3.3 所示。

程序清单 3.3

```
const pTaskEventHandlerFn tasksArr[] =
{
    macEventLoop,                //MAC 层任务处理函数
    nwk_event_loop,             //网络层任务处理函数
    Hal_ProcessEvent,           //硬件抽象层任务处理函数
#if defined( MT_TASK )
    MT_ProcessEvent,            //调试任务处理函数可选
#endif
    APS_event_loop,             //应用层任务处理函数，用户不用修改
    ZDApp_event_loop,           //设备应用层任务处理函数，用户可以根据需要修改
    SampleApp_ProcessEvent      //用户应用层任务处理函数，用户自己生成
};
```

如果不算调试任务，操作系统一共要处理 6 项任务，分别为 MAC 层、网络层、硬件抽象层、应用层、ZigBee 设备应用层以及完全由用户处理的应用层，其优先级由高到低。MAC 层任务具有最高优先级，用户应用层具有最低的优先级。所以 Z-Stack 协议栈更具体的工作流程如图 3-15 所示。

Z-Stack 已经编写了对从 MAC 层到 ZigBee 设备应用层这五层任务的事件处理函数，一般情况下不需要修改这些函数，只需要按照自己的需求编写用户应用层的任务及事件处理函数就可以了。

其他两个例子文件中，唯一不同的是最后一个函数，其他函数都是一样的。一般情况下用户只需要额外添加三个文件就可以完成一个项目，如图 3-16 所示。一个是主文件，存放具体的任务事件处理函数，如上述事例中的 SampleApp _ProcessEvent；一个是这个主文件的头文件；另外一个是操作系统的接口文件，以 Osal 开头，是专门存放任务处理函数数组 tasksArr[]的文件。这样就实现了 Z-Stack 代码的共用，用户只需要添加这几个文件，编写自己的任务处理函数就可以了。这个 Osal 操作系统抽象层和实时操作系统中的 μC/OS-II 有相似之处，在μC/OS-II 中可以分配给 64 个任务。了解了这个操作系统的话，理解 Osal 应该不是很困难，但是，Z-Stack 只是基于这个 Osal 运行，但重点不在这里，而是 ZigBee 设备之间组成的不同网络结构，无线数据通信的实现等，这些才是整个 ZigBee 协议中的核心内容，当然也应该远比我们添加几个文件来得复杂。

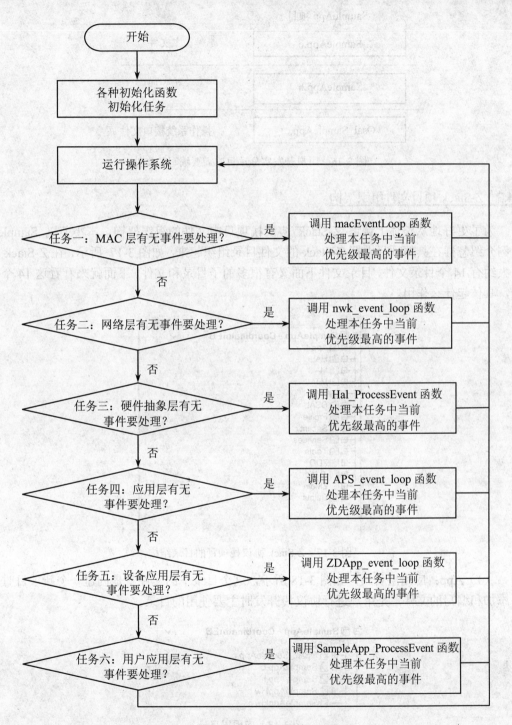

图 3-15 Z-Stack 协议栈具体的工作流程

图 3-16　用户开发实际项目时需要编写的文件

3.6.3　Z-Stack 项目文件组织架构

为了更好地从整体上认识 Z-Stack 协议栈项目中文件的组织架构，本小节以 SampleApp 为例介绍怎样在具体项目中把 Z-Stack 的文件目录组织起来，如图 3-17 所示，在 Z-Stack 项目中大约有 14 个目录文件，目录文件下面又有很多的子目录和文件。下面就来看看这 14 个根目录，具体起什么作用。

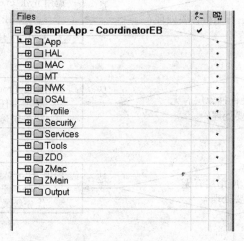

图 3-17　Z-Stack 协议栈项目的目录结构

（1）App：应用层目录，如图 3-18 所示，这个目录下的文件就是创建一个新项目时自己要添加和编写的文件，是用户进行协议栈开发时主要使用的目录。

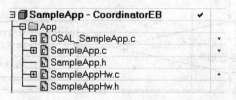

图 3-18　应用层目录

（2）HAL：硬件层目录，如图 3-19 所示，Common 目录下的文件是公用文件，基本上与硬件无关，其中 hal_assert.c 是断言文件，用于调用，hal_drivers.c 是驱动文件，抽象出与硬件无关的驱动函数，包含有与硬件相关的配置和驱动及操作函数。Include 目录下主要包含各个硬件模块的头文件，而 Target 目录下的文件是跟硬件平台相关的，本协议栈版本中为 TI CC2530EB 平台的相关配置和驱动。

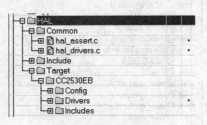

图 3-19   硬件层目录

（3）MAC：MAC 层目录，如图 3-20 所示，High Level 和 Low Level 两个目录表示 MAC 层分为了高层和底层两层，Include 目录下则包含了 MAC 层的参数配置文件及基于 MAC 的 LIB 库函数接口文件，这里 MAC 层的协议是不开源的，以库的形式给出。

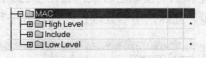

图 3-20   MAC 层目录

（4）MT：监制调试层目录，如图 3-21 所示，该目录下的文件主要用于调试目的，即实现通过串口调试各层，与各层进行直接交互。

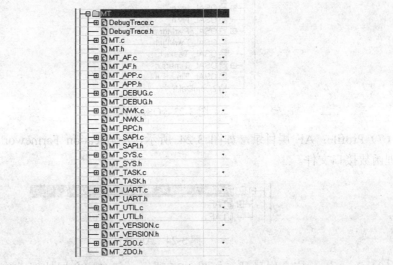

图 3-21   调试层目录

（5）NWK：网络层目录，如图 3-22 所示，含有网络层配置参数文件及网络层库的函数接口文件和 APS 层库的函数接口。

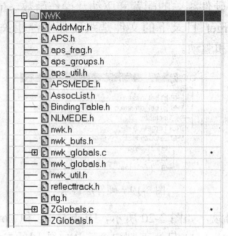

图 3-22　网络层目录

（6）OSAL：协议栈的操作系统抽象层目录，如图 3-23 所示。它主要提供任务的注册、初始化和启动；任务间的同步、互斥；中断处理；储存器分配和管理的功能。

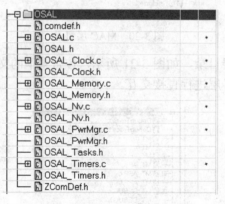

图 3-23　OSAL 层目录

（7）Profile：AF 层目录，如图 3-24 所示，Application Farmework 应用框架，包含 AF 层处理函数接口文件。

图 3-24　AF 层目录

（8）Security：安全层目录，如图 3-25 所示，包含安全层处理函数接口文件。

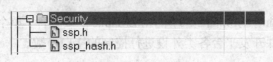

图 3-25 安全层目录

（9）Services：ZigBee 和 802.15.4 设备地址处理函数目录，如图 3-26 所示，包括地址模式的定义及地址处理函数。

图 3-26 Services 目录

（10）Tools：工作配置目录，如图 3-27 所示，包括空间划分及 Z-Stack 协议栈相关配置信息。

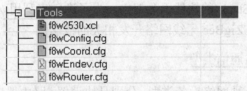

图 3-27 工作配置目录

（11）ZDO：ZigBee 设备对象目录，如图 3-28 所示，可认为是一种公共的功能集，文件用户用自定义的对象调用 APS 子层的服务和 NWK 层的服务。

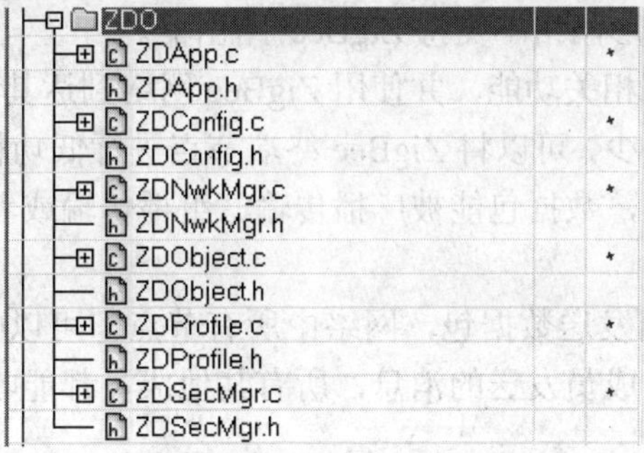

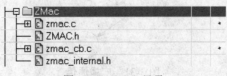

图 3-28 ZigBee 设备对象目录

（12）ZMac：ZMac 目录如图 3-29 所示，其中 zmac.c 是 Z-Stack MAC 导出层接口文件，zmac_cb.c 是 ZMAC 需要调用的网络层函数。

图 3-29 ZMac 目录

（13）ZMain：ZMain 目录如图 3-30 所示，ZMain.c 主要包含了整个项目的入口函数 main()，在 OnBoard.c 中包含硬件开发平台各类外设进行控制的接口函数。

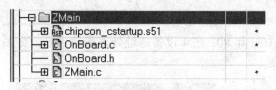

图 3-30　ZMain 目录

（14）Output：输出文件目录，这个是 EW8051 IDE 自动生成的。

3.7　TI Z-Stack 开发基础

上一节介绍了 TI Z-Stack 的软件平台架构，为了进一步利用 Z-Stack 开发实际的 ZigBee 项目，还需要掌握一些与 ZigBee 无线网络开发相关的概念。

3.7.1　ZigBee 设备和网络通信类型

ZigBee 网络中提供 3 种网络设备类型，分别是协调器、路由器以及终端节点。一个 ZigBee 网络在网络建立初期，必须有一个也只能有一个协调器，因为协调器是整个网络的开始，要完成通信就必须在网络中再添加一个路由器或者终端节点。

路由器是一种支持关联的设备，能够将消息发送到其他设备。ZigBee 网络可以有多个 ZigBee 路由器。ZigBee 星形网络不支持 ZigBee 路由器。

终端设备可以执行其他相关功能，并使用 ZigBee 网络到达其他需要与之通信的设备，终端设备的存储器容量要求最少，可以将 ZigBee 终端节点进行低功耗设计。在使用 ZigBee 协议栈进行无线网络数据通信时，数据包能被广播传输、组播传输或者单播传输。

1．ZigBee 广播通信

广播描述的是一个节点发送数据包，网络中所有节点都可以收到。这类似于使用即时聊天工具进行群聊天时，每个成员发送的消息，所有其他成员都能收到，如图 3-31 所示。

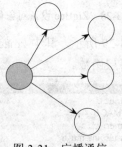

图 3-31　广播通信

2. ZigBee 组播通信

组播描述的是一个节点发送的数据包,只有和该节点属于同一小组的节点才能收到,这类似于教师在上课时采用小组讨论的形式,只有小组成员才可以知道本小组所讨论的议题和内容,如图 3-32 所示。

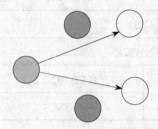

图 3-32　组播通信

3. ZigBee 单播通信

单播描述的是网络中两个节点之间进行数据包的收发过程。网络节点之间的通信就好像是人们之间的对话一样。如果一个人对另外一个人说话,那么用网络技术的术语来描述就是"单播",此时信息的接收和传递只在两个节点之间进行,如图 3-33 所示。

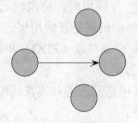

图 3-33　单播通信

在接下来各章节的项目实战中,会向读者具体介绍不同数据通信方式下的协议栈程序设计方法。

3.7.2　ZigBee 协议体系结构

ZigBee 协议标准采用传统的 OSI(Open System Interconnect)分层结构,主要分为 4 层,即物理层(PHY)、介质访问层(MAC)、网络层(NWK)和应用层(APL)。在网络中,为了完成通信必须使用多层上的多种协议。ZigBee 的协议分为两部分,IEEE 802.15.4 定义了PHY(物理层)和 MAC(介质访问层)技术规范;ZigBee 联盟定义了 NWK(网络层)、APS(应用程序支持子层)、APL(应用层)技术规范,如图 3-34 所示。这些协议按照层次顺序组合在一起,构成了协议栈。ZigBee 协议栈就是将各个层定义的协议都集合在一起,以函数的形式实现,并给用户提供 API 应用程序接口,用户可以直接调用。

用户应用程序		高端 应用层	软件实现
应用层（APL）			
设备配置（ZDC）子层	设备对象（ZDO）子层		
应用支持（APS）子层			
网络层（NWK）			
IEEE 802.15.4 LLC	IEEE 802.2 LLC	中间 协议层	
	SSCS		
IEEE 802.15.4 MAC			
IEEE 802.15.4 868/915MHz PHY	IEEE 802.15.4 2.4GHz PHY	底层 硬件模块	硬件实现
底层控制模块	RF 收发器		

图 3-34　ZigBee 协议体系架构图

从架构图中也可以发现在开发一个应用时，协议较底下的层与应用是相互独立的，它们可以从第三方来获得，因此用户需要做的就是在应用层进行相应的改动。ZigBee 应用层包括 APS、应用程序框架（AF）、ZigBee 设备对象（ZDO）和制造商定义的应用对象。

APS 子层的职责包括以下两个方面：

（1）维护绑定表，定义为能够根据其服务和需求匹配两个设备。

（2）在绑定设备之间传输信息。

ZDO 的职责包括以下三个方面：

（1）定义网络中设备的角色（例如 ZigBee 协调器或终端设备）。

（2）发现设备和决定它们提供哪种应用服务，发现或响应绑定请求。

（3）在网络设备之间建立一个安全的关系。

ZigBee 网络中有三种拓扑结构，分别为星型拓扑（Star）、树型拓扑（Tree）和网状拓扑（Mesh），如图 3-35 所示。一个星型结构包括一个 ZigBee 协调器和一个以上的终端节点设备。在这样的网络拓扑结构里面，所有设备的通信都需要通过协调器完成，如果一个节点需要发送数据给另一个节点，必须先发给协调器，再由协调器转发数据。树型拓扑结构相比星型拓扑结构多路由器节点，当从一个节点向另一个节点发送数据时，信息将沿着树的路径向上传递到最近的路由器节点，然后再向下传递到目标节点。网状拓扑结构是一种特殊的、按多跳方式传输的点对点的网络结构，其路由可自动建立和维护，并且具有强大的自组织、自愈功能。

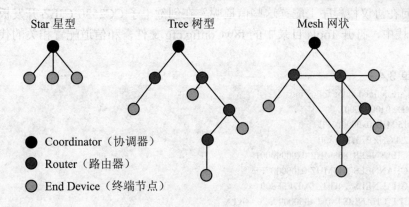

图 3-35　ZigBee 网络拓扑结构

3.7.3　ZigBee 网络基本概念

1．信道

ZigBee 网络使用了 3 个频段，定义了 27 个物理信道，其中 868MHz 频段定义了一个信道；915MHz 频段附近定义了 10 个信道，信道间隔为 2MHz；2.4GHz 频段定义了 16 个信道，信道间隔为 5MHz。具体信道分配如表 3-2 所示。

表 3-2　ZigBee 信道分配表

信道编号	中心频率/MHz	信道间隔/MHz	频率上限/MHz	频率下限/MHz
k=0	868.3		868.6	868.0
k=1，2，3，…，10	906+2(k-1)	2	928.0	902.0
k=11，12，13，…，26	2401+5(k-11)	5	2483.5	2400.0

　　一个 ZigBee 网络可以根据 ISM 频段、可用性、拥挤状况和数据速率在 27 个信道中选择一个工作信道。从能量和成本效率来看，不同的数据速率能为不同的应用提供较好的选择。

　　通常，ZigBee 硬件设备不能同时兼容两个工作频段，在选择时，应符合当地无线电管理委员会的规定。由于 2400～2483.5MHz 频段可以用于全球，因此在中国所采用的都是 2.4GHz 的工作频段。如表 3-2 所示，2.4GHz 的射频频段被分为 16 个独立的信道，每一个设备都有一个 DDEFAULT_CHANLIST 的默认信道集。当协调器建网过程开始后，网络层将请求 MAC 层对规定的信道或对物理层默认的有效信道进行能量检测扫描，以检测可能的干扰。网络层管理实体对能量扫描的结果以递增的方式排序，丢弃那些能量值超出可允许能量水平的信道，然后再由网络层管理实体执行一次主动扫描，结合检查 PAN 描述符，对剩下的信道选择一个合适的建立网络。终端节点和路由器也要扫描默认信道集并选择一个信道上已经存在的最优网络加入。

那么如何在协议栈程序上配置这些信道呢？在创健电子 CC2530 CJEZ 开发板系统配置的 Z-Stack 协议栈中，打开 Tools 目录中的 f8wConfig.cfg 文件，和信道配置相关的代码如程序清单 3.4 所示。

程序清单 3.4

```
// Channels are defined in the following:
// 0 : 868 MHz 0x00000001
// 1 - 10 : 915 MHz 0x000007FE
// 11 - 26 : 2.4 GHz 0x07FFF800
//-DMAX_CHANNELS_868MHZ 0x00000001
//-DMAX_CHANNELS_915MHZ 0x000007FE
//-DMAX_CHANNELS_24GHZ 0x07FFF800
//-DDEFAULT_CHANLIST=0x04000000 // 26 - 0x1A
//-DDEFAULT_CHANLIST=0x02000000 // 25 - 0x19
//-DDEFAULT_CHANLIST=0x01000000 // 24 - 0x18
//-DDEFAULT_CHANLIST=0x00800000 // 23 - 0x17
//-DDEFAULT_CHANLIST=0x00400000 // 22 - 0x16
//-DDEFAULT_CHANLIST=0x00200000 // 21 - 0x15
//-DDEFAULT_CHANLIST=0x00100000 // 20 - 0x14
//-DDEFAULT_CHANLIST=0x00080000 // 19 - 0x13
//-DDEFAULT_CHANLIST=0x00040000 // 18 - 0x12
//-DDEFAULT_CHANLIST=0x00020000 // 17 - 0x11
//-DDEFAULT_CHANLIST=0x00010000 // 16 - 0x10
//-DDEFAULT_CHANLIST=0x00008000 // 15 - 0x0F
//-DDEFAULT_CHANLIST=0x00004000 // 14 - 0x0E
//-DDEFAULT_CHANLIST=0x00002000 // 13 - 0x0D
//-DDEFAULT_CHANLIST=0x00001000 // 12 - 0x0C
 -DDEFAULT_CHANLIST=0x00000800 // 11 - 0x0B     //这里默认使用的是编号为 11 的信道
```

由于 CC2530 CJEZ 开发板系统只支持 2.4GHz 的 ZigBee 芯片，因此此协议栈只能配置第 11~26 个信道。

2．PANID 网络编号

在确定信道以后，下一步将是确定 PANID，PANID 是指个域网标识符（网络编号），用于区分不同的 ZigBee 网络。如果 ZDAPP_CONFIG_PAN_ID 被定义为 0xFFFF，那么协调器将根据自身的 IEEE 地址建立一个随机的 PANID（0~0x3FFF），路由器和和终端节点将会在自己的默认信道上随机选择一个网络加入，网络协调器的 PANID 即为自己的 PANID。

若 ZDAPP_CONFIG_PAN_ID 没有被定义为 0xFFFF，那么网络的 PANID 将由 ZDAPP_CONFIG_PAN_ID 确定。Z-Stack 协议栈中和 PANID 配置相关的代码如程序清单 3.5 所示。

程序清单 3.5

```
/* Define the default PANID
*
* Setting this to a valueother than 0xFFFF causes
* ZDO_COORD to use thisvalue as its PAN ID and
```

```
* Routers and end devicesto join PAN with this ID
*/
-DZDAPP_CONFIG_PAN_ID=0xFFFF      //此处设置具体的 PANID 值
```

3. 描述符

ZigBee 网络中的所有设备都有一些描述符，ZigBee 设备使用描述符数据结构描述其自身类型和应用方式。包含在这些描述符中的实际数据被定义在每个设备描述中。ZigBee 总共有五个描述符：节点描述符、节点功率描述符、简单描述符、复杂描述符和用户描述符。节点和节点功率描述符应用于整个节点。其他描述符由节点中所定义的端点指定。描述符的定义和创建配置项在文件 ZDOConfig.h 和 ZDOConfig.c 中完成。描述信息可以被网络中的其他设备读取。

3.7.4 应用层开发基本概念

1. 绑定

绑定机制允许一个应用服务在不知道目标地址的情况下向对方（的应用服务）发送数据包。发送时使用的目标地址将由应用支持子层从绑定表中自动获得，从而能使消息顺利被目标节点的一个或多个应用服务，乃至分组接收。

绑定指的是两个节点在应用层上建立起来的一条逻辑链路。在同一个节点上可以建立多个绑定服务，分别对应不同种类的数据包。此外，绑定也允许有多个目标节点（一对多绑定）。例如，在一个灯光网络中，有多个开关和灯光设备，每一个开关可以控制一个或以上的灯光设备。在这种情况下，需要在每个开关中建立绑定服务。这使得开关中的应用服务在不知道灯光设备确切的目标地址时，可以顺利地向灯光设备发送数据包。一旦在源节点上建立了绑定，其应用服务即可向目标节点发送数据，而不需指定目标地址了（调用 zb_SendDataRequest()，目标地址可用一个无效值 0xFFFE 代替）。这样，协议栈将会根据数据包的命令标识符，通过自身的绑定表查找到所对应的目标设备地址。

在绑定表的条目中，有时会有多个目标端点。这使得协议栈自动地重复发送数据包到绑定表指定的各个目标地址。同时，如果在编译目标文件时，编译选项 NV_RESTORE 被打开，协议栈将会把绑定条目保存在非易失性存储器里。因此当意外重启（或者节点电池耗尽需要更换）等突发情况发生时，节点能自动恢复到掉电前的工作状态，而不需要用户重新设置绑定服务。配置设备绑定服务，有两种机制可供选择。如果目标设备的扩展地址（64 位地址）已知，可通过调用 zb_BindDeviceRequest()建立绑定条目。如果目标设备的扩展地址未知，可实施一个"按键"策略实现绑定。这时，目标设备将首先进入一个允许绑定的状态，并通过 zb_AllowBindResponse()对配对请求作出响应。然后，在源节点中执行 zb_BindDeviceRequest()（目标地址设为无效）可实现绑定。此外，使用节点外部的委托工具（通常是协调器）也可实现绑定服务。需要注意的是绑定服务只能在"互补"设备之间建立。也就是说，只有分别在两个节点的简单描述结构体（Simple Descriptor Structure）中，同时注册了相同的命令标识符（command_id），并且方向相反（一个属于输出指令 output，另一个属于输入指令 input），才能成功建立绑定。

ZigBee 协议栈中与绑定相关的函数如表 3-3 所示。

表 3-3　绑定函数列表

ZDO Binding API	ZDP Binding Service Command
ZDP_EndDeviceBindReq()	End_Device_Bind_req
ZDP_EndDeviceBindRsq()	End_Device_Bind_rsq
ZDP_BindReq()	Bind_req
ZDP_BindRsp()	Bind_rsq
ZDP_UnbindReq()	Unbind_req
ZDP_UnbindRsq()	Unbind_rsq

ZigBee 设备对象绑定 API，发送 ZigBee 设备对象绑定请求和应答一个绑定请求，所有绑定信息列表都将存放在 ZigBee 协调器上，一次只有 ZigBee 协调器能接收到这些绑定请求。

2. 端点

每个设备都是一个节点，每个节点都有长短两个地址，每个设备有 241 个端点（0 保留，1～240 由应用层分配，241～254 保留，255 用于向所有的端点广播），每次通信时都需要对方的网络地址和端点号。其实端点就相当于 TCP/IP 通信中的端口号。一个应用程序只要有一个端点，每个端点都有一个简单描述符（ZigBee Simple Descriptor，即 SimpleDescriptionFormat_t），每个端点都能接收（用于输入）或发送（用于输出）串格式的数据。

3. 簇

一个端点是一个逻辑设备，可以包含多个簇（Cluster），每个 Cluster 包含不同的属性（开、关是"灯控制"Cluster 对应不同情况的 Attribute）。另外，网络拓扑结构中提到的 Cluster 是集群树，包括家长（Parent）及其子女（Child）。网络拓扑中的 Cluster 指的是节点（物理设备）之间的关系，而通信中的 Cluster 号指的是通信事务的标号。在有些文章中，Cluster 定义成设备通信的"串"。

ZigBee 簇群库（ZCL）通过判断 ClusterID 来达到相应的作用。ID 和功能形成一一对应关系，这样，在无线传输过程当中，就不需要传输大量指令，只需传输 ClusterID，然后通过 ClusterID 就可以判断需要执行的命令了。这样既保证了数据的安全性和通信可靠性，又提高了通信效率。

4. 配置文件

配置文件（Profile）由 ZigBee 技术开发商提供，应用于特定的应用场合，它是用户进行 ZigBee 技术开发的基础。当然用户也可以使用专用工具建立自己的配置文件。配置文件是这样一种规范，它规定不同设备对消息帧的处理行为，使不同的设备之间可以通过发送命令、数据请求来实现相互操作。

配置文件可以理解为共同促成交互式应用的多个设备描述项的集合。ZigBee 联盟已经定义了部分标准的配置文件，比如远程控制开关配置文件和光传感器配置文件等。任何遵循某一标准配置文件的节点都可以与实现相同配置文件的节点进行互操作。用户也可以创建自己的配置文件然后递交 ZigBee 联盟测试、审核批准。

ZigBee 配置文件的具体功能和特点如下。

- 在 ZigBee 网络中，两个设备之间进行通信的关键是统一一个 Profile（域、剖面），以智能家居为例，在这个域中的一系列设备（灯、开关、电视、窗帘、监视器、门控等）可以互相交换控制消息来构造一个无线智能家庭。
- Profile 在 ZigBee 设备间定义了普通行为：无线网络在网络中依靠自制设备的能力同网络连接和发现其他设备上的服务。
- Profile 支持设备发现和服务发现。设备发现是指 ZigBee 设备发现其他设备的过程，有两种形式的设备发现请求：IEEE 地址请求和网络地址请求。IEEE 地址请求时单播到一个特殊的设备且假定网络地址已经知道。网络地址请求时广播且携带一个已知的 IEEE 地址作为负载；服务发现是指一个已给设备被其他设备发现的过程。服务发现通过向一个已给设备的每一个端点发送询问或通过使用广播、单播来实现。它是以 Profile 输入输出簇为基础构成的。
- Profile 分为私有域和公有域，但每个 Profile 的标识符都是唯一的。一旦获得一个 Profile 标识符，用户就可以定义设备描述和 Cluster 标识符。
- Profile 标识符是在 ZigBee 协议中的主要枚举量。每一个唯一的 Profile 标识符定义了设备描述和 Cluster 标识符的一个联合的枚举量。
- 在绑定中会用到对 Profile 的应用。
- 每一个 ZigBee 设备都必须至少有一个 ZigBee Profile，一个 ZigBee 设备可以支持几个 Profile。

3.7.5 网络层开发基本概念

1. 寻址

（1）地址类型。

ZigBee 设备有两种不同的地址：16 位短地址和 64 位 IEEE 地址（下文简称长地址）。

其中 64 位地址是全球唯一的地址，在设备的整个生命周期内都将保持不变，它由国际 IEEE 组织分配，在芯片出厂时已经写入芯片中，并且不能修改；而短地址是在设备加入一个 ZigBee 网络时分配的，它只在这个网络中唯一，用于网络内数据收发时的地址识别。但由于短地址有时并不稳定，网络结构变化时会发生改变，所以在某些情况下必须以 IEEE 地址作为通信的目标地址，以保证数据有效送达。

（2）ZigBee 设备地址分配方法。

在任何一个由 ZigBee 设备组建的网络中，协调器的短地址为 0x0000。而其他设备的短地址是随机生成的。当一个设备加入网络之后，它从其父节点获取一个随机地址，然后向整个网络广播一个包含其短地址和 IEEE 地址的"设备声明"（Device Announce），如果另外一个设备收到此广播后，发现与自己的地址相同，它将发出一个"地址冲突"（Address Conflict）的广播信息。有地址冲突的设备将全部重新更换地址，然后重复上述过程，直至整个网络中没有地址冲突。

为了向一个在 ZigBee 网络中的设备发送数据，应用程序通常使用 AF_DataRequest()函数。数据包将要发送给一个 afAddrType_t（在 ZComDef.h 中定义）类型的目标设备。相关代码如程序清单 3.6 所示。

程序清单 3.6

```
typedef struct
{
union
{
uint16 shortAddr;
} addr;
afAddrMode_t addrMode;
byte endPoint;
} afAddrType_t;
```

除了网络地址之外，还要指定地址模式参数。目的地址模式可以设置为以下几个值，如程序清单 3.7 所示。

程序清单 3.7

```
typedef enum
{
afAddrNotPresent = AddrNotPresent,
afAddr16Bit = Addr16Bit,
afAddrGroup = AddrGroup,
afAddrBroadcast = AddrBroadcast
} afAddrMode_t;
```

因为在 ZigBee 中，数据包可以单播传送、组播传送或者广播传送，所以必须有地址模式参数。前面已经介绍，一个单播传送数据包只发送给一个设备，组播传送数据包则要传送给一组设备，而广播数据包则要发送给整个网络的所有节点。这里结合地址模式参数对数据传输方式做进一步的讲解。

1）单播传送（Unicast）。

单播传送是标准寻址模式，它将数据包发送给一个已经知道网络地址的网络设备。将 **afAddrMode** 设置为 Addr16Bit 并且在数据包中携带目标设备地址。

2）间接传送（Indirect）。

当应用程序不知道数据包的目标设备在哪时使用的模式。将模式设置为 AddrNotPresent 并且目标地址没有指定。取代它的是从发送设备的栈的绑定表中查找目标设备，这种特点称为源绑定。

当数据向下发送到达协议栈中，从绑定表中查找并且使用该目标地址。这样，数据包将被处理成为一个标准的单播传送数据包。如果在绑定表中找到多个设备，则向每个设备都发送一个数据包的拷贝。

3）广播传送（Broadcast）。

当应用程序需要将数据包发送给网络的每一个设备时，使用这种模式。地址模式设置为 AddrBroadcast。目标地址可以设置为下列广播地址的一种：

NWK_BROADCAST_SHORTADDR_DEVALL(0xFFFF)——数据包将被传送到网络上的所有设备，包括睡眠中的设备。对于睡眠中的设备，数据包将被保留在其父节点直到查询到它，或者消息超时（NWK_INDIRECT_MSG_TIMEOUT 在 f8wConifg.cfg 文件中）。

NWK_BROADCAST_SHORTADDR_DEVRXON(0xFFFD)——数据包将被传送到网络上的所有在空闲时打开接收的设备（RXONWHENIDLE），也就是说，除了睡眠中的所有设备。

NWK_BROADCAST_SHORTADDR_DEVZCZR(0xFFFC)——数据包发送给所有的路由器，包括协调器。

4）组播传送（Group）。

当应用程序需要将数据包发送给网络上的一组设备时，使用该模式。地址模式设置为 afAddrGroup 并且 addr.shortAddr 设置为组 ID。

在使用这个功能之前，必须在网络中定义组（参见 Z-Stack API 文档中的 aps_AddGroup() 函数）。

注意组可以用来关联间接寻址。再绑定表中找到的目标地址可能是单播传送或者是一个组地址。另外，广播发送可以看做是一个组寻址的特例。

程序清单 3.8 所示的代码是将一个设备加入到一个 ID 为 1 的组当中。

程序清单 3.8

```
aps_Group_t group;
// Assign yourself to group 1
group.ID = 0x0001;
group.name[0] = 0;    // This could be a human readable string
aps_AddGroup( SAMPLEAPP_ENDPOINT, &group );
```

（3）重要设备地址（Important Device Addresses）。

应用程序可能需要知道它的设备地址和父地址。可使用下面的函数获取设备地址（在 ZStack API 中定义）：

1）NLME_GetShortAddr()——返回本设备的 16 位网络地址。

2）NLME_GetExtAddr()——返回本设备的 64 位扩展地址。

使用下面的函数获取该设备的父设备的地址：

1）NLME_GetCoordShortAddr()——返回本设备的父设备的 16 位网络地址。

2）NLME_GetCoordExtAddr()——返回本设备的父设备的 64 位扩展地址。

2. 路由（Routing）

ZigBee 设备主要工作在 2.4GHz 频段上，这一基本特性限制了 ZigBee 设备的数据传输距离，必须要靠路由器来解决这一问题。

路由器的本职工作是为经过路由器的每个数据帧寻找一条最佳传输路径，并将该数据有效地传送到目的节点，称为"路由"。路由对于应用层来说是完全透明的。应用程序只需简单地向下发送去往任何设备的数据到协议栈中，协议栈会负责寻找路径。这种方法，应用程序不知道操作是在一个多跳的网络当中的。

路由还能够自愈 ZigBee 网络，如果某个无线连接断开了，路由功能又能自动寻找一条新的路径避开那个断开的网络连接。这就极大地提高了网络的可靠性，同时也是 ZigBee 网络的一个关键特性。

（1）路由协议（Routing Protocol）。

ZigBee 执行基于用于 AODV 专用网络的路由协议。简化后用于传感器网络。ZigBee 路由协议有助于网络环境有能力支持移动节点、连接失败和数据包丢失。

当路由器从它自身的应用程序或者别的设备那里收到一个单点发送的数据包，则网络层（NWK Layer）根据一下程序将它继续传递下去。如果目标节点是它相邻路由器中的一个，则数据包直接被传送给目标设备。否则，路由器将要检索它的路由表中与所要传送的数据包的目标地址相符合的记录。如果存在与目标地址相符合的活动路由记录，则数据包将被发送到存储在记录中的下一级地址中去。如果没有发现任何相关的路由记录，则路由器发起路径寻找，数据包存储在缓冲区中直到路径寻找结束。

ZigBee 终端节点不执行任何路由功能。终端节点要向任何一个设备传送数据包，它只需简单地将数据向上发送给它的父节点，由它的父节点以它自己的名义执行路由。同样的，任何一个设备要给终端节点发送数据，发起路径寻找，终端节点的父节点都以它的名义来回应。

ZigBee 地址分配方案使得对于任何一个目标设备，根据它的地址都可以得到一条路径。在 Z-Stack 协议栈中，如果正常的路径寻找过程不能启动（通常由于缺少路由表空间），那么 Z-Stack 拥有自动回退机制。

此外，在 Z-Stack 协议栈中，执行的路由已经优化了路由表记录。通常，每一个目标设备都需要一条路由表记录。但是，通过把父节点记录与其所有子结点的记录合并既可以优化路径，也可以不丧失任何功能。

ZigBee 路由器，包括协调器，通过执行相关的路由函数，完成路径发现和选择、路径保持维护、路径期满处理功能。

1）路径的发现和选择（Route Discovery and Selection）。

路径发现是网络设备凭借网络相互协作发现和建立路径的一个过程。路由发现可以由任意一个路由设备发起，并且对于某个特定的目标设备一直执行。路径发现机制寻找源地址和目标地址之间的所有路径，并且试图选择可能的最好的路径。

路径选择就是选择出可能的最小成本的路径。每一个结点通常持有跟它所有邻接点的"连接成本（Link Costs）"。通常，连接成本的典型函数是接收到的信号的强度。沿着路径，求出所有连接的连接成本总和，便可以得到整个路径的"路径成本"。路由算法试图寻找到拥有最小路径成本的路径。

路径通过一系列的请求和回复数据包被发现。源设备通过向它的所有邻接节点广播一个路由请求数据包，来请求一个目标地址的路径。当一个节点接收到 RREQ 数据包，它依次转发 RREQ 数据包。但是在转发之前，它要加上最新的连接成本，然后更新 RREQ 数据包中的成本值。这样，沿着所有它通过的连接，RREQ 数据包携带着连接成本的总和。这个过程一直持续到 RREQ 数据包到达目标设备。通过不同的路由器，许多 RREQ 副本都将到达目标设备。目标设备选择最好的 RREQ 数据包，然后发回一个路径答复数据包（Route Reply）RREP 给源设备。RREP 数据包是一个单点发送数据包，它沿着中间节点的相反路径传送，直到它到达原来发送请求的节点为止。

一旦一条路径被创建，数据包就可以发送了。当一个结点与它的下一级相邻节点失去了连接（当它发送数据时，没有收到 MACACK），该节点向所有等待接收它的 RREQ 数据包的节点发送一个 RERR 数据包，将它的路径设为无效。各个结点根据收到的数据包 RREQ、RREP 或者 RERR 来更新它的路由表。

2）路径保持维护（Route Maintenance）。

网状网提供路径维护和网络自愈功能。中间节点沿着连接跟踪传送失败，如果一个连接被认定是坏链，那么上游节点将针对所有使用这条连接的路径启动路径修复。节点发起重新发现直到下一次数据包到达该节点，标志路径修复完成。如果不能够启动路径发现或者由于某种原因失败了，节点则向数据包的源节点发送一个路径错误包（RERR），它将负责启动新路径的发现。这两种方法，路径都自动重建。

3）路径期满（Route Expiry）。

路由表为已经建立连接路径的节点维护路径记录。如果在一定的时间周期内，没有数据通过沿着这条路径发送，这条路径将被表示为期满。期满的路径一直保留到它所占用的空间要被使用为止。这样，路径在绝对不使用之前不会被删除掉。在配置文件 f8wConfig.cfg 中配置自动路径期满时间。设置 ROUTE_EXPIRY_TIME 为期满时间，单位为秒。如果设置为 0，则表示关闭自动期满功能。

（2）表存储（Table Storage）。

路由功能需要路由器保持维护一些表格。

1）路由表（Routing Table）。

每一个路由器包括协调器都包含一个路由表。设备在路由表中保存数据包参与路由所需的信息。每一条路由表记录都包含有目的地址，下一级节点和连接状态。所有的数据包都通过相邻的一级节点发送到目的地址。同样，为了回收路由表空间，可以终止路由表中的那些已经无用的路径记录。

路由表的容量表明一个设备路由表拥有一个自由路由表记录或者说它已经有一个与目标

地址相关的路由表记录。在文件 f8wConfig.cfg 中配置路由表的大小。将 MAX_RTG_ ENTRIES 设置为表的大小（不能小于 4）。

2）路径发现表（Route Discovery Table）。

路由器设备致力于路径发现，保持维护路径发现表。这个表用来保存路径发现过程中的临时信息。这些记录只在路径发现操作期间存在。一旦某个记录到期，则它可以被另一个路径发现使用。这个值决定了在一个网络中，可以同时并发执行的路径发现的最大个数。这个可以在 f8wConfig.cfg 文件中配置 MAX_RREQ_ENTRIES。

（3）路径设置，如表 3-4 所示。

表 3-4　路径设置快速参考

设置路由表大小	MAX_RTG_ENTRIES，这个值不能小于 4（f8wConfig.cfg 文件）
设置路径期满时间	ROUTE_EXPIRY_TIME，单位秒。设置为零则关闭路径期满（f8wConfig.cfg 文件）
设置路径发现表大小	MAX_RREQ_ENTRIES，网络中可以同时执行的路径发现操作的个数

本章小结

本章首先介绍了 ZigBee 的概念和特点，然后分别对几种常用的短距离无线通信技术进行了分析和比较，接下来重点讲解了 ZigBee 实际网络开发中涉及的一些重要概念，希望读者能够深入理解并对照 Z-Stack 协议栈进行分析，以便快速掌握接下来的实战项目。

第 4 章 ZigBee 无线数据通信的设计与实现

本章学习目标

本章将在前几章知识学习的基础上，进行实际的无线数据通信实验。为了能快速实现 ZigBee 无线网络的数据收发，本章将首先对 ZigBee 协议栈数据通信中几个重要的函数和协议栈串口通信的实现方法进行讲解，最后通过几个具体的实例实现 ZigBee 无线组网的数据传输。通过本章的学习，具体要求读者掌握以下目标:

- 理解 ZigBee 协议栈的串口通信机制
- 掌握 ZigBee 协议栈应用层关键函数的原理和使用方法
- 掌握单播通信的实现方法
- 掌握串口透传的设计和实现方法

4.1 ZigBee 协议栈应用层关键函数解析

在 ZigBee 协议栈中已经实现了 ZigBee 协议,用户在进行应用程序开发时可以直接使用协议栈提供的 API 进行编程设计,在实际项目开发过程中完全不必关心 ZigBee 协议提供的具体细节,只需要关心一个最核心的问题,就是系统采集到的数据是从哪里来的,并且到哪里去了。

1. 具体步骤

举个例子,用户实现一个简单的无线数据通信时无非就是以下 3 个步骤。

（1）组网：调用协议栈的组网函数、加入网络函数,实现网络的建立与节点的加入。

（2）发送：发送节点调用协议栈的无线数据发送函数,实现无线数据发送。

（3）接收：接收节点调用协议栈的无线数据接收函数,实现无线数据接收。

因此, 开发人员不需要关心协议栈具体是怎么实现的, 甚至成千上万条函数代码每条是什么意思,只需要知道协议栈中提供的函数能实现什么功能,会调用相应的函数来实现自己所需要的功能即可。

既然协议栈已经做了很多的工作,用户只需要在应用层上实现自己的应用就可以了。这也是用户进行二次开发时用得最多的地方。下面对协议栈应用层中的几个关键函数进行讲解。

2. 协议栈主要函数说明

（1）任务的初始化函数。

分析任务需要完成的功能,需要对发送函数使用终端配置进行注册,对组网参数的设定、对发送模式、接收地址的设定等。程序清单 4.1 是协议栈中任务的初始化代码。

程序清单 4.1

```
/*************************************************
*函数名：SampleApp_Init
*功能描述：初始化应用任务的函数，它是在任务初始化列表中被调用
*参数：task_id-OASL 分配的任务 ID，这个 ID 将用于发送消息和设定 OS 时间
*返回：无
*/
void SampleApp_Init( uint8 task_id )
{
    SampleApp_TaskID = task_id;                //分配任务的 ID
    SampleApp_NwkState = DEV_INIT;             //网络类型
    SampleApp_TransID = 0;

/*通过硬件来实现设备类型的选择，该功能必须要 BUILD_ALL_DEVICE 打开后才能使用*/
 #if defined ( BUILD_ALL_DEVICES )
    if ( readCoordinatorJumper() )
      zgDeviceLogicalType = ZG_DEVICETYPE_COORDINATOR;
    else
      zgDeviceLogicalType = ZG_DEVICETYPE_ROUTER;
#endif              // BUILD_ALL_DEVICES

#if defined ( HOLD_AUTO_START )
    // HOLD_AUTO_START is a compile option that will surpress ZDApp
    // from starting the device and wait for the application to
    // start the device
    ZDOInitDevice(0);
#endif

    //定义发送的数据为广播方式（网络中所有节点都能收到）
    SampleApp_Periodic_DstAddr.addrMode = (afAddrMode_t)AddrBroadcast;      //广播方式
    SampleApp_Periodic_DstAddr.endPoint = SAMPLEAPP_ENDPOINT;
    SampleApp_Periodic_DstAddr.addr.shortAddr = 0xFFFF;                     //网络地址

    //定义发送数据的方式为组播发送
    SampleApp_Flash_DstAddr.addrMode = (afAddrMode_t)afAddrGroup;           //组播方式
    SampleApp_Flash_DstAddr.endPoint = SAMPLEAPP_ENDPOINT;
    SampleApp_Flash_DstAddr.addr.shortAddr = SAMPLEAPP_FLASH_GROUP;         //组地址

    //终端节点描述
    SampleApp_epDesc.endPoint = SAMPLEAPP_ENDPOINT;
    SampleApp_epDesc.task_id = &SampleApp_TaskID;
    SampleApp_epDesc.simpleDesc
                = (SimpleDescriptionFormat_t *)&SampleApp_SimpleDesc;
    SampleApp_epDesc.latencyReq = noLatencyReqs;

    //对终端节点描述注册
    afRegister( &SampleApp_epDesc );
```

```
//注册所有按键任务
RegisterForKeys( SampleApp_TaskID );
//默认所有的设备在组 1 中
SampleApp_Group.ID = 0x0001;                                    //组 ID 号
osal_memcpy( SampleApp_Group.name, "Group 1", 7  );
aps_AddGroup( SAMPLEAPP_ENDPOINT, &SampleApp_Group );           //设备加入组

#if defined ( LCD_SUPPORTED )
  HalLcdWriteString( "SampleApp", HAL_LCD_LINE_1 );
#endif
```

（2）任务处理函数。

任务处理函数包括对按键事件的处理、对接收消息的处理和设备类型的处理等，如程序清单 4.2 所示。

程序清单 4.2

```
/***********************************************
*函数名：SampleApp_ProcessEvent
*功能描述：应用任务处理，这个函数是处理任务中的所有事件
*参数：task_id（OS 分配的 ID）events（事件处理）
*返回：无
*/
uint16 SampleApp_ProcessEvent( uint8 task_id, uint16 events )
{
  afIncomingMSGPacket_t *MSGpkt;
  (void)task_id;                              // Intentionally unreferenced parameter
  if ( events & SYS_EVENT_MSG )
  {
    MSGpkt = (afIncomingMSGPacket_t *)osal_msg_receive( SampleApp_TaskID );
    while ( MSGpkt )
    {
      switch ( MSGpkt->hdr.event )
      {
        //当一个按键触发时，返回按键事件
        case KEY_CHANGE:
          SampleApp_HandleKeys( ((keyChange_t *)MSGpkt)->state, ((keyChange_t *)MSGpkt)->keys );
          break;
        //当收到消息后，返回接收消息事件
        case AF_INCOMING_MSG_CMD:
          SampleApp_MessageMSGCB( MSGpkt );
          break;
        //当网络状态发生变化时，返回状态事件
        case ZDO_STATE_CHANGE:
          SampleApp_NwkState = (devStates_t)(MSGpkt->hdr.status);
          if ( (SampleApp_NwkState == DEV_ZB_COORD)
              || (SampleApp_NwkState == DEV_ROUTER)
              || (SampleApp_NwkState == DEV_END_DEVICE) )
          {
            //开始周期发送函数，启动发送数据事件
            osal_start_timerEx( SampleApp_TaskID,
```

```
                                  SAMPLEAPP_SEND_PERIODIC_MSG_EVT,
                                  SAMPLEAPP_SEND_PERIODIC_MSG_TIMEOUT );
          }
          else
          {
              //设备不在网络中
          }
          break;
      default:
          break;
      }
      //释放内存
      osal_msg_deallocate( (uint8 *)MSGpkt );
      //下一个任务
      MSGpkt = (afIncomingMSGPacket_t *)osal_msg_receive( SampleApp_TaskID );
    }
    //返回未处理的事件
    return (events ^ SYS_EVENT_MSG);
  }
  //发送一个信息出去
  if ( events & SAMPLEAPP_SEND_PERIODIC_MSG_EVT )
  {
    //周期发送一个数据
    SampleApp_SendPeriodicMessage();
    //下次发送数据的事件设置
    osal_start_timerEx(SampleApp_TaskID, SAMPLEAPP_SEND_PERIODIC_MSG_EVT,
        (SAMPLEAPP_SEND_PERIODIC_MSG_TIMEOUT + (osal_rand() & 0x00FF)) );
    //返回未加工事件
    return (events ^ SAMPLEAPP_SEND_PERIODIC_MSG_EVT);
  }
  //丢弃未加工事件
  return 0;
}
```

（3）发送函数。

在 SampleApp 中提供了两个发送函数，这两个函数提供了广播发送和组播发送两种发送方式，SampleApp_SendPeriodicMessage 和 SampleApp_SendFlashMessage 函数就是实现发送的这两个函数。发送函数通过调用 AF_DataRequest 函数实现数据的发送，在 AF_DataRequest 函数中需要进行参数的设置。各参数如下：

```
*dstAddr:
*srcEP:
cID:
Len:
*buf:
*transID :
Options:
Radius: AF_DEFAULT_RADIUS
```

在初始化函数 SampleApp_Init 中，已经定义了*dstAddr 和*srcEP 的参数，所以在发送函数中不需要设置，直接调用就可以。其他参数可以根据自己的实际情况设置。发送函数如程序清单 4.3 和 4.4 所示。

程序清单 4.3

```
/***********************************************
*函数名：SampleApp_SendPeriodicMessage
*功能描述：数据广播发送
*参数：无
*返回：无
*/
void SampleApp_SendPeriodicMessage( void )
{
  if ( AF_DataRequest( &SampleApp_Periodic_DstAddr, &SampleApp_epDesc,
                SAMPLEAPP_PERIODIC_CLUSTERID,
                1,
                (uint8*)&SampleAppPeriodicCounter,
                &SampleApp_TransID,
                AF_DISCV_ROUTE,
                AF_DEFAULT_RADIUS ) == afStatus_SUCCESS )
  {
  }
  else
  {
    //发送失败
  }
}
```

程序清单 4.4

```
/***********************************************
*函数名：SampleApp_SendFlashMessage
*功能描述：数据组播发送
*参数：flashTime——发送时间，以 ms 为单位
*返回：无
*/
void SampleApp_SendFlashMessage( uint16 flashTime )
{
  uint8 buffer[3];                              //发送数据 buffer
  buffer[0] = (uint8)(SampleAppFlashCounter++);   //发送的次数
  buffer[1] = LO_UINT16( flashTime );
  buffer[2] = HI_UINT16( flashTime );

  if ( AF_DataRequest( &SampleApp_Flash_DstAddr, &SampleApp_epDesc,
                SAMPLEAPP_FLASH_CLUSTERID,
                3,
                buffer,
                &SampleApp_TransID,
                AF_DISCV_ROUTE,
```

```
                              AF_DEFAULT_RADIUS ) == afStatus_SUCCESS )
    {
    }
    else
    {
      //发送数据错误
    }
  }
```

（4）接收处理函数。

接收处理函数的功能是将接收到的数据进行解析，并根据不同的 ClusterID 实现不同的功能。实现代码如程序清单 4.5 所示。

程序清单 4.5

```
/***********************************************
*函数名：SampleApp_MessageMSGCB
*功能描述：数据接收处理
*参数：afIncomingMSGPacket_t
*返回：无
*/
void SampleApp_MessageMSGCB( afIncomingMSGPacket_t *pkt )
{
  uint16 flashTime;
  switch ( pkt->clusterId )                       //取得接收到的 clusterId 值
  {
    case SAMPLEAPP_PERIODIC_CLUSTERID:        //如果是周期性广播数据
      break;
    case SAMPLEAPP_FLASH_CLUSTERID:           //如果是组播数据
      flashTime = BUILD_UINT16(pkt->cmd.Data[1], pkt->cmd.Data[2] );
      HalLedBlink( HAL_LED_4, 4, 50, (flashTime / 4) );
      break;
  }
}
```

通过协议栈中应用层这些关键函数的调用，用户可以很容易地通过二次开发设计出自己的应用程序。在接下来的系统设计中，将使用以上函数实现 ZigBee 无线网络的数据收发。

4.2　ZigBee 协议栈串口通信功能的实现

4.2.1　串行通信简介

串行通信是将数据字节分成一位一位的形式在一条传输线上逐个传送。串口按位（bit）发送和接收字节。尽管比按字节（byte）的并行通信慢，但是串口可以在使用一根线发送数据的同时用另一根线接收数据。它很简单并且能够实现远距离通信，如图 4-1 所示。

图 4-1　串行数据传输

串行通信的特点：传输线少，长距离传送时成本低，且可以利用电话网等现成的设备，但数据的传送控制比并行通信复杂。

串行通信的传输方向如下。

1．单工

单工是指数据传输仅能沿一个方向，不能实现反向传输，如图 4-2 所示。

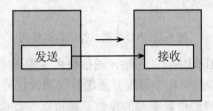

图 4-2　单工通信

2．半双工

半双工是指数据传输可以沿两个方向，但需要分时进行，如图 4-3 所示。

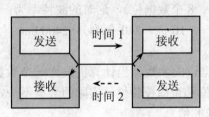

图 4-3　半双工通信

3．全双工

全双工是指数据可以同时进行双向传输，如图 4-4 所示。

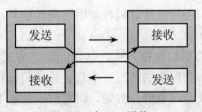

图 4-4　全双工通信

4.2.2　串行数据传输

串行数据传输是以字符（构成的帧）为单位进行的传输，字符与字符之间的间隙（时间间隔）是任意的，但每个字符中的各位是以固定的时间传送的，即字符之间不一定有"位间隔"的整数倍的关系，但同一字符内的各位之间的距离均为"位间隔"的整数倍。串行数据传输的数据格式如图 4-5 所示。

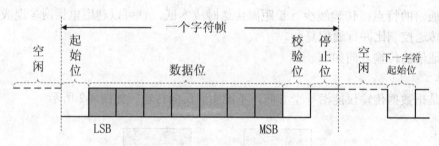

图 4-5　串行数据传输的数据格式

典型地，串口用于 ASCII 码字符的传输，通信使用 3 根线完成：地线、发送线、接收线。由于串口通信是异步的，端口能够在一根线上发送数据同时在另一根线上接收数据。其他线用于握手，但不是必须的。串口通信最重要的参数是波特率、数据位、停止位和奇偶校验。

1．波特率

这是一个衡量通信速度的参数，它表示每秒钟传送的位的个数。波特率是每秒钟传输二进制代码的位数，单位是：位/秒（bps）。如每秒钟传送 240 个字符，而每个字符格式包含 10 位（1 个起始位、1 个停止位、8 个数据位），这时的波特率为：

$$10 \text{ 位} \times 240 \text{ 个/秒} = 2400 \text{ bps}$$

2．数据位

这是衡量通信中实际数据位的参数。当计算机发送一个数据帧，每个数据帧是指一个字节，包括开始/停止位，数据位和奇偶校验位，实际的数据不一定是 8 位的，也可能是 5、6、7 位，具体设置取决于想传送的信息。

3．停止位

用于表示单个包的最后一位，典型的值为 1、1.5 和 2 位。由于数据是在传输线上定时的，并且每一个设备有其自己的时钟，很可能在通信中两台设备间出现了小小的不同步。因此停止位不仅仅是表示传输的结束，还提供计算机校正时钟同步的机会。

4．奇偶校验位

它是在串口通信中一种简单的检错方式，常用的检错方式有偶校验、奇校验。当然没有校验位也是可以的。对于偶和奇校验的情况，串口会设置校验位（数据位后面的一位），用一个值确保传输的数据有偶个或者奇个位。例如，如果数据是 011，那么对于偶校验，校验位为 0。如果是奇校验，校验位为 1。

4.2.3　ZigBee 协议栈串口功能的应用实现

串口是 ZigBee 开发板和用户电脑交互的一种工具，协调器将传感器节点采集的数据通过串口发送给上位机或者协调器接收上位机通过串口发送过来的命令。正确地使用串口对学习 ZigBee 无线传感网络有极大的促进作用。

1. 使用串口的基本步骤

（1）初始化串口，包括波特率、串口号等。

（2）向缓冲区发送数据或者从接收缓冲区读取数据。

上述方法是 CC2530 单片机串口裸机编程的常用方法，但是由于 ZigBee 协议栈的存在，使得串口的使用更加简单和方便，因为在 ZigBee 协议栈中已经对串口初始化所需要的函数进行了实现，这里只需要传递几个参数就可以使用串口。此外，ZigBee 协议栈还实现了串口的读取和写入函数。

因此，用户在使用串口时，只需要掌握 ZigBee 协议栈提供的串口操作相关的三个函数即可，它们为：

uint8 HalUARTOpen(uint8 port,halUARTCfg_t *config);

uint16 HalUARTRead(uint8 port,uint8 *buf,uint16 len);

uint16 HalUARTWrite(uint8 port,uint8 *buf, uint16 len);

这三个函数分别实现打开串口、读取串口数据和写串口数据的功能。下面通过两个具体的例子来实现协议栈读写串口的功能。ZigBee 协调器与 PC 上位机之间的串口通信结构如图 4-6 所示。

2. 协议栈往上位机串口写数据功能的实现

具体要求的功能是在 ZigBee 协调器模块上电后通过协议栈自动向串口发送"UART is ok"字符串，若在上位机串口调试助手上能收到这些字符，说明下位机与上位机之间的串口通信成功。协议栈串口通信的初始化流程如图 4-7 所示。

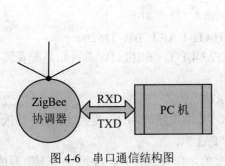

图 4-6　串口通信结构图

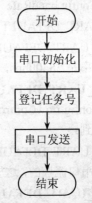

图 4-7　串口通信初始化流程

为了实现上电后，向串口调试助手输出"UART is ok"，需要对 SampleApp.c 做如下修改（新增加的部分以加粗字体显示），如程序清单 4.6 所示。

程序清单 4.6

```
/* HAL */
#include "hal_lcd.h"
#include "hal_led.h"
#include "hal_key.h"
#include "MT_UART.h"
```

MT 层是 Z-Stack 协议栈中的一个调试层，找到 MT_UART.h 文件之后，可以从中找到 MT_UartInit()函数。这里可以直接使用该函数进行串口初始化，以此简化了操作流程。

接下来找到 void SampleApp_Init(uint8 task_id)应用程序初始化函数，在其中添加串口初始化"MT_UartInit();"语句，并向把串口事件通过 task_id 登记在 SampleApp_Init()里面，同时向串口输出"UART is ok"字符，如程序清单 4.7 所示。

程序清单 4.7

```
void SampleApp_Init( uint8 task_id )
{
    SampleApp_TaskID = task_id;
    SampleApp_NwkState = DEV_INIT;
    SampleApp_TransID = 0;

    /***********串口初始化***********/
    MT_UartInit();                      //串口初始化
    MT_UartRegisterTaskID(task_id);     //登记事件任务号
    HalUARTWrite(0,"UART is ok\n",11);
```

ZigBee 协议栈中对串口的配置是使用一个结构体来实现的，该结构体为 halUARTCfg_t，在此不必关心该结构体的具体定义形式，只需要对其功能有个了解，该结构体将串口初始化有关的参数集合在一起，例如波特率、是否打开串口、是否使用流控等，这里只需要将各个参数初始化即可。

进入 MT_UartInit()函数，修改串口初始化配置，需要修改的地方有以下几点：

（1）"uartConfig.baudRate = MT_UART_DEFAULT_BAUDRATE;"语句是配置波特率，继续进入 MT_UART_DEFAULT_BAUDRATE 的定义，可以看到：

#define MT_UART_DEFAULT_BAUDRATE HAL_UART_BR_38400

默认的波特率是 38400bps，现在修改成 115200bps，修改如下：

#define MT_UART_DEFAULT_BAUDRATE HAL_UART_BR_115200

（2）"uartConfig.flowControl = MT_UART_DEFAULT_OVERFLOW;"语句是配置流控的，进入定义可以看到：

#define MT_UART_DEFAULT_OVERFLOW TRUE

默认是打开串口流控的，这里串口是只连接 RX/TX 两根线的，所以要关闭流控，修改如下：

#define MT_UART_DEFAULT_OVERFLOW FALSE

此外，由于协议栈串口发送采用了 MT 层定义的串口发送格式，使得一些不需要的调试信息也在串口通信时出现，需要在预编译时将其去除，在 IAR 环境中，具体的操作方法如下：

1）在 SampleApp-CoordinatorEB-Pro 工程上右击，在弹出的菜单中选择 Options 选项，如图 4-8 所示。

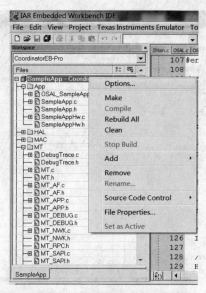

图 4-8　选择 Options 菜单

2）在弹出的 Options for node "SampleApp"对话框中，选择 C/C++ Compiler 选项，在对话框右边选择 Preprocessor 选项卡，然后在 Defined symbols 列表框中将 MT 和 LCD 相关的内容注释掉，最后单击 OK 按钮即可，如图 4-9 所示。

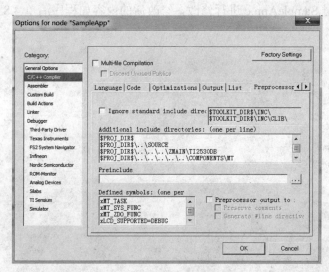

图 4-9　注释相关语句

经过这些修改，现在串口已经可以发送信息了。连接 CC DEBUGGER 和 USB 转串口线，选择 CoordinatorEB-Pro，单击下载并调试。全速运行，可以看到协调器重新上电后上位机串口调试助手出现如图 4-10 所示的信息。

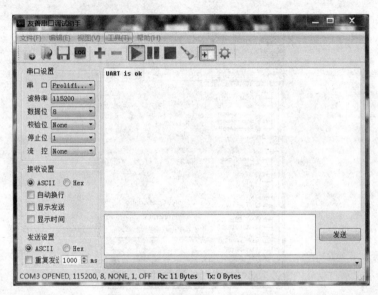

图 4-10　上电后提示 UART is ok

3. 协议栈通过串口读取上位机数据

具体要求为上位机能将特定含义的数据发送给下位机 ZigBee 协调器模块，ZigBee 协调器模块收到数据后进行回显。本例中将使用协议栈串口回调函数（非事件处理）来实现。

接下来仍然是对 SampleApp.c 进行修改，修改后的内容如程序清单 4.8 所示（新增部分加粗字体显示）。

程序清单 4.8

```
#include "OSAL.h"
#include "ZGlobals.h"
#include "AF.h"
#include "aps_groups.h"
#include "ZDApp.h"
#include "SampleApp.h"
#include "SampleAppHw.h"
#include "OnBoard.h"

/* HAL */
#include "hal_lcd.h"
#include "hal_led.h"
#include "hal_key.h"

// This list should be filled with Application specific Cluster IDs
```

```c
const cId_t SampleApp_ClusterList[SAMPLEAPP_MAX_CLUSTERS] =
{
   SAMPLEAPP_PERIODIC_CLUSTERID,
   SAMPLEAPP_FLASH_CLUSTERID
};

const SimpleDescriptionFormat_t SampleApp_SimpleDesc =
{
   SAMPLEAPP_ENDPOINT,                 //   int Endpoint;
   SAMPLEAPP_PROFID,                   //   uint16 AppProfId[2];
   SAMPLEAPP_DEVICEID,                 //   uint16 AppDeviceId[2];
   SAMPLEAPP_DEVICE_VERSION,           //   int AppDevVer:4;
   SAMPLEAPP_FLAGS,                    //   int AppFlags:4;
   SAMPLEAPP_MAX_CLUSTERS,             //   uint8 AppNumInClusters;
   (cId_t *)SampleApp_ClusterList,     //   uint8 *pAppInClusterList;
   SAMPLEAPP_MAX_CLUSTERS,             //   uint8 AppNumInClusters;
   (cId_t *)SampleApp_ClusterList      //   uint8 *pAppInClusterList;
};

endPointDesc_t SampleApp_epDesc;
uint8 SampleApp_TaskID;
devStates_t SampleApp_NwkState;
uint8 SampleApp_TransID;                // This is the unique message ID (counter)

afAddrType_t SampleApp_Periodic_DstAddr;
afAddrType_t SampleApp_Flash_DstAddr;
aps_Group_t SampleApp_Group;
uint8 SampleAppPeriodicCounter = 0;
uint8 SampleAppFlashCounter = 0;

unsigned char uartbuf[128];             //添加字符串（数组）变量

void SampleApp_HandleKeys( uint8 shift, uint8 keys );
void SampleApp_MessageMSGCB( afIncomingMSGPacket_t *pckt );
void SampleApp_SendPeriodicMessage( void );
void SampleApp_SendFlashMessage( uint16 flashTime );
static void rxCB(uint8 port, uint8 event);      //定义一个回调函数
void SampleApp_Init( uint8 task_id )
{
        halUARTCfg_t uartConfig;
          ...
           uartConfig.configured = TRUE;
           uartConfig.baudRate = HAL_UART_BR_115200;
           uartConfig.flowControl = FALSE;
           uartConfig.callBackFunc = rxCB;
           HalUARTOpen(0, &uartConfig);


}
```

```
static void rxCB(uint8 port, uint8 event)
    {
            HalUARTRead(0, uartbuf, 16);              //读取串口缓冲区数据
//判断收到的字符串是否是 www.chuangjian.com
    if(osal_memcmp(uartbuf,"www.chuangjian.com",18))
            {
                HalUARTWrite(0, uartbuf,18);          //将读到的数据写到串口中
            }
    }
```

rxCB()函数完成了读取缓冲区中的数据,该函数是一个回调函数,回调函数就是通过函数指针(函数地址)调用的函数。如果把函数的指针(即函数的地址)作为参数传递给另一个函数,当通过这个指针调用它所指向的函数时,称为函数的回调。

将程序编译后下载到 ZigBee 协调器中,设置好串口调试助手,在输入栏输入一串字符"www.chuangjian.com",单击"发送"按钮,可以看到在接收区显示"www.chuangjian.com",说明串口收发正常,如图 4-11 所示。

图 4-11　协议栈读取上位机串口发送的数据

4.3　ZigBee 无线数据通信的实现

上一节我们已经完成了串口的初始化设置并实现了基本的串口收发功能,本节将在上节的基础上完成一个最简单的无线数据传输实验。本实验的实验原理如图 4-12 所示,即协调器建立网络后,能和终端节点通过这一网络进行数据的传输。

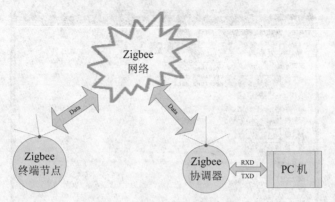

图 4-12　数据通信实验原理图

下面我们首先来测试一下无线传输的实验效果，再去分析其中的原理。在 SampleApp.c 中，找到消息处理函数 void SampleApp_MessageMSGCB(afIncomingMSGPacket_t *pkt)，在 case SAMPLEAPP_PERIODIC_CLUSTERID 下面加入 HalUARTWrite(0,"received data\n",14)语句，如图 4-13 所示。

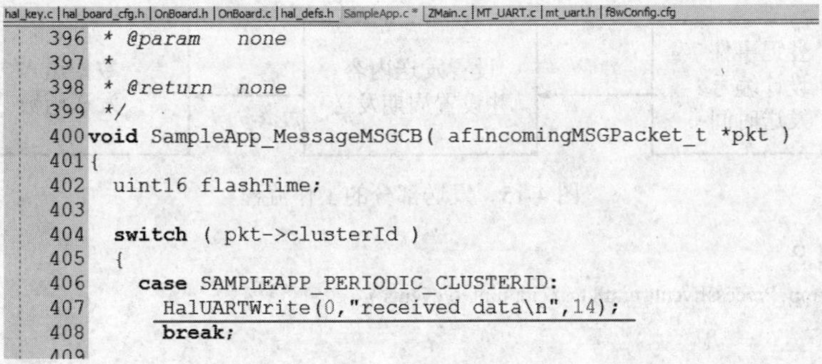

```
hal_key.c | hal_board_cfg.h | OnBoard.h | OnBoard.c | hal_defs.h | SampleApp.c * | ZMain.c | MT_UART.c | mt_uart.h | f8wConfig.cfg
396  * @param    none
397  *
398  * @return   none
399  */
400 void SampleApp_MessageMSGCB( afIncomingMSGPacket_t *pkt )
401 {
402   uint16 flashTime;
403
404   switch ( pkt->clusterId )
405   {
406     case SAMPLEAPP_PERIODIC_CLUSTERID:
407       HalUARTWrite(0,"received data\n",14);
408       break;
409
```

图 4-13　在消息处理函数中加入一行语句

选择 CoodinatorEB-pro 和 EndDeviceEB-pro，分别下载到协调器（作为协调器串口跟电脑连接）和终端节点（作为终端设备无线发送数据给协调器）开发板上。给两个模块上电，打开串口调试助手，可以看到大约 5s 后会收到 "received data" 的内容，如图 4-14 所示。

4.3.1　实验原理解析

整个协议栈只添加了一行代码，就完成了无线数据传输的实验。实际上我们是使用了 SampleApp 上一个广播的例子修改而来的。整个数据传输过程可以分为数据发送部分和数据接收部分，但是前提是必须有相应的任务事件触发。发送部分的工作流程如图 4-15 所示。

1. 登记事件、设计编号和发送时间

本实验中的事件包括了网络状态改变事件、定时器事件和数据接收事件。打开 SampleApp.c 文件，找到 SampleApp 事件处理函数 SampleApp_ProcessEvent，如程序清单 4.9 所示。

图 4-14 收到 received data 的内容

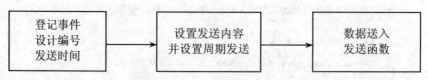

图 4-15 发送部分的工作流程

程序清单 4.9

```
uint16 SampleApp_ProcessEvent( uint8 task_id, uint16 events )

......
......

        // Received when a messages is received (OTA) for this endpoint
        case AF_INCOMING_MSG_CMD:
          SampleApp_MessageMSGCB( MSGpkt );
          break;
        // Received whenever the device changes state in the network
        case ZDO_STATE_CHANGE:
          SampleApp_NwkState = (devStates_t)(MSGpkt->hdr.status);
          if ( (SampleApp_NwkState == DEV_ZB_COORD)
              || (SampleApp_NwkState == DEV_ROUTER)
              || (SampleApp_NwkState == DEV_END_DEVICE) )
          {
            // Start sending the periodic message in a regular interval
            osal_start_timerEx( SampleApp_TaskID,
                             SAMPLEAPP_SEND_PERIODIC_MSG_EVT,
                             SAMPLEAPP_SEND_PERIODIC_MSG_TIMEOUT );
          }
```

```
            else
            {
                // Device is no longer in the network
            }
            break;
        default:
            break;
    ......
......
```

其中 case ZDO_STATE_CHANGE 是 ZigBee 设备对象网络状态改变的事件，下面的 if 语句表明，当协调器、路由器和终端中的任何一个节点网络状态发生改变时，都会触发该事件，也就是说一旦协调器建立网络，或者路由器或终端节点加入网络，即组网成功后，该事件就被触发了。本实验中正是终端节点加入协调器的网络之后进入了该 Case 事件中。

接下来的 osal_start_timerEx()函数是重点，该函数可以当做协议栈下的定时器来使用，不过它的使用需要带 3 个参数，第一个就是使用该函数的 TaskID，函数开头定义了 SampleApp_TaskID = task_id，也就是使用 SampleApp 初始化的任务 ID 号。第二个就是当定时结束时向协议栈发出的消息，即事件的编号，第三个参数是定时的时长。后两个参数在 SampleApp.h 中的定义为：

```
#define SAMPLEAPP_SEND_PERIODIC_MSG_EVT         0x0001
#define SAMPLEAPP_SEND_PERIODIC_MSG_TIMEOUT     5000      // Every 5 seconds
```

通过分析这段代码，我们得出了这样的结论：ZigBee 节点状态发生改变时（通常为加入或者离开网络），节点会执行一个定时为 5s 的定时函数，5s 之后会将 SAMPLEAPP_ SEND_PERIODIC_MSG_EVT 事件编号发送出去。

登记好事件后，如果网络状态没有改变，就不会再次进入这个函数了，所以这个相当于初始化，只执行 1 次。

2. 设置发送内容

接下来就是实现周期性的数据发送，在同一个函数下面可以找到如程序清单 4.10 所示的代码。

程序清单 4.10

```
// Send a message out - This event is generated by a timer
// setup in SampleApp_Init()
if ( events & SAMPLEAPP_SEND_PERIODIC_MSG_EVT )
{
    // Send the periodic message
    SampleApp_SendPeriodicMessage();

    // Setup to send message again in normal period (+ a little jitter)
    osal_start_timerEx( SampleApp_TaskID, SAMPLEAPP_SEND_PERIODIC_MSG_EVT,
        (SAMPLEAPP_SEND_PERIODIC_MSG_TIMEOUT + (osal_rand() & 0x00FF)) );

    // return unprocessed events
    return (events ^ SAMPLEAPP_SEND_PERIODIC_MSG_EVT);
}
```

首先，判断 SAMPLEAPP_SEND_PERIODIC_MSG_EVT(0x0001)有没有发生，如果有就执行下面的 SampleApp_SendPeriodicMessage()函数。这个函数就是发送无线消息的函数，而第二个就是上面已经分析过的定时函数，这个定时函数放在这里就形成了一个循环定时，每次定时完之后都会进入该函数再次定时，从而实现了周期性的定时发送。

SampleApp_SendPeriodicMessage()是周期性的广播发送函数，是用户编写需要发送内容的地方，具体的内容用户在这个函数中进行一些修改就行。在 SampleApp.c 中找到 SampleApp_SendPeriodicMessage()函数代码，如程序清单 4.11 所示。

程序清单 4.11

```
void SampleApp_SendPeriodicMessage( void )
{
    if ( AF_DataRequest( &SampleApp_Periodic_DstAddr, &SampleApp_epDesc,
                SAMPLEAPP_PERIODIC_CLUSTERID,
                1,
                (uint8*)&SampleAppPeriodicCounter,
                &SampleApp_TransID,
                AF_DISCV_ROUTE,
                AF_DEFAULT_RADIUS ) == afStatus_SUCCESS )
    {
    }
    else
    {
        // Error occurred in request to send
    }
}
```

在此函数中，最核心的就是无线数据发送函数 afStatus_t AF_DataRequest()，用户调用该函数即可实现数据的无线发送。当然，函数中带了很多的参数，用户需要将每个参数的含义理解后，才能达到熟练应用该函数进行无线通信的目的。这里读者需要重点掌握其中的 4 个参数。该函数的原型如下：

```
afStatus_t AF_DataRequest( afAddrType_t *dstAddr,
endPointDesc_t *srcEP,
uint16 cID, uint16 len, uint8 *buf, uint8 *transID,
uint8 options, uint8 radius )
```

（1）afAddrType_t *dstAddr 为发送模式，本实验中使用的是 SampleApp_Periodic_DstAddr，配置为广播模式。

（2）uint16 cID 为发送标号，本实验中使用 SAMPLEAPP_PERIODIC_CLUSTERID 标号，可以去定义查看它定义的标号为 1，它的作用是和接收方约定好一个标识。这个标号在接收部分也会提及，即协调器收到这个标号，如果是 1，就证明是由周期性广播方式发送过来的。

（3）uint16 len 为数据长度，这个很好理解，我们从字面上就可以猜出它是标明下一个参数*buf 的长度的，本实验中直接填写了 1，标明发送一个字节的数据。

（4）uint8 *buf 为数据指针，这个就是我们要发送数据的指针，通常事先拼凑好数据放入一个 buf 中通过指针来传递。本实验中是一个 0。

通过该函数，数据便会以指定的方式发送，本实验中该函数的效果为广播了一个标识为 SAMPLEAPP_PERIODIC_CLUSTERID，长度为 1，内容为字符 0 的一个无线包。我们也可以自行修改一下，比如改为长度为 4，内容为 2014 的一个数组，修改后的代码如程序清单 4.12 所示。

程序清单 4.12

```
void SampleApp_SendPeriodicMessage( void )
{
    uint8 data[4] ={'2', '0', '1', '4'};
    if ( AF_DataRequest( &SampleApp_Periodic_DstAddr, &SampleApp_epDesc,
                         SAMPLEAPP_PERIODIC_CLUSTERID,
                         4,
                         data,
                         &SampleApp_TransID,
                         AF_DISCV_ROUTE,
                         AF_DEFAULT_RADIUS ) == afStatus_SUCCESS )
    {
    }
    else
    {
        // Error occurred in request to send
    }
}
```

至此，发送部分代码修改完成，上电后 ZigBee 模块会以 5s 为周期来广播发送数据 2014。

3. 接收数据

接收部分需要完成 2 个任务：

（1）读取接收到的数据。

（2）把数据通过串口发送给 PC 机。

接收函数位于 SampleApp.c 文件中 SampleApp_ProcessEvent 函数下的 case AF_INCOMING_MSG_CMD 事件中。该事件与 ZDO_State_Change 事件为并列等级事件，该事件的作用是每当 OSAL 层接收到无线消息时，会触发该事件，并调用消息处理函数。相关代码如程序清单 4.13 所示。

程序清单 4.13

```
// Received when a message is received (OTA) for this endpoint
        case AF_INCOMING_MSG_CMD:
        SampleApp_MessageMSGCB( MSGpkt );
        break;
```

SampleApp_MessageMSGCB(MSGpkt)就是将接收到的数据包进行处理的函数，所有的操作都被封装到了 SampleApp_MessageMSGCB(MSGpkt)函数中。进入 SampleApp_MessageMSGCB (MSGpkt)函数，也就是第一个实验开头插入代码的函数位置。代码如程序清单 4.14 所示。

程序清单 4.14

```
void SampleApp_MessageMSGCB( afIncomingMSGPacket_t *pkt )
 switch ( pkt->clusterId )
   {
    case SAMPLEAPP_PERIODIC_CLUSTERID:
       HalUARTWrite(0,"received data\n",14);
       break;
......
   }
```

在这里可以看到 SAMPLEAPP_PERIODIC_CLUSTERID 标识，因为接收函数中的标识和发送函数的标识一致，确认是周期性广播数据，所以便执行了该 case 语句的内容将 "received data" 字符通过串口显示出来了。

但是，通过分析我们也发现，这并不是由终端节点发送过来的真实数据，只是在接收到数据时才执行了这一行代码。那么真实收到的数据在什么地方呢？在接收处理函数中可以看到有个 afIncomingMSGPacket_t 类型的参数，进入类型定义如程序清单 4.15 所示。

程序清单 4.15

```
typedef struct
{
   osal_event_hdr_t hdr;
   uint16 groupId;
   uint16 clusterId;
   afAddrType_t srcAddr;
   uint16 macDestAddr;
   uint8 endPoint;
   uint8 wasBroadcast;
   uint8 LinkQuality;
   uint8 correlation;
   int8   rssi;
   uint8 SecurityUse;
   uint32 timestamp;
   afMSGCommandFormat_t cmd;      /* Application Data */
} afIncomingMSGPacket_t;
```

这里最重要的就是 cmd 成员变量，根据 TI Zstack 协议栈的注释，这个 afMSGCommandFormat_t 类型的变量里就存放着应用层收到的数据，afMSGCommandFormat_t 结构体的定义如程序清单 4.16 所示。

程序清单 4.16

```
typedef struct
{
   byte     TransSeqNumber;    //存储的发送序列号
   uint16 DataLength;          //存储的发送数据的长度信息
   byte   *Data;               //存储的接收数据缓冲区的指针
} afMSGCommandFormat_t;
```

接收到的数据就存放在结构体 afMSGCommandFormat_t 中的这三个变量中，数据接收后存放在一个缓冲区中，*Data 参数存储了指向该缓冲区的指针，&pkt->cmd.Data 就是存放接收数据的首地址。所以如果要把改好的发射端发送的 2014 字符显示出来，只需要将 Data 指针首地址开始的 4 个字符取出来送到串口即可。代码如程序清单 4.17 所示。

程序清单 4.17

```
switch ( pkt->clusterId )
{
    case SAMPLEAPP_PERIODIC_CLUSTERID:
        HalUARTWrite(0,"received data\n",14);
        HalUARTWrite(0, &pkt->cmd.Data[0],4);        //串口打印收到的数据
        HalUARTWrite(0,"\n",1);                       //回车换行
        break;
}
```

将修改后的程序分别下载到协调器和终端节点开发板上。给两个模块上电，打开串口调试助手，可以看到此时协调器大约每隔 5s 会收到"2014"字符串，而"2014"正是网络中传输的真正数据，如图 4-16 所示。

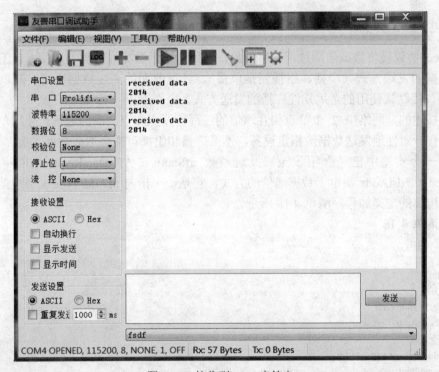

图 4-16　接收到 2014 字符串

至此，已经实现了基本的无线数据广播通信的功能，总流程如图 4-17 所示。

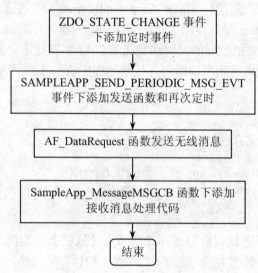

图 4-17　无线数据广播通信的实现流程

4.3.2　ZigBee 单播通信的实现

ZigBee 协议栈将数据通信过程高度抽象，使用一个函数完成数据的通信，以不同的参数来选择数据的发送方式（广播、组播还是单播）。经过前面的无线数据通信实验，可以看出 ZigBee 协议栈默认使用的是周期性广播的发送方式。

单播描述的是网络中 2 个节点相互通信的过程，即点和点之间的通信。使用单播可以使终端设备有针对性地发送数据给指定设备，不像广播和组播可能会造成数据冗余。

在上一个实验中已经介绍了无线发送函数 afStatus_t AF_DataRequest() 的第一个参数 afAddrType_t *dstAddr 决定了数据通信的方式，它是一个指向 afAddrType_t 类型结构体的指针，该结构体的定义如程序清单 4.18 所示。

程序清单 4.18

```
typedef struct
{
  union
  {
    uint16 shortAddr;
    ZLongAddr_t extAddr;
  } addr;
  afAddrMode_t addrMode;
  byte endPoint;
  uint16 panId;    // used for the INTER_PAN feature
} afAddrType_t;
```

其中 addrMode 参数是一个 afAddrMode_t 类型的变量，afAddrMode_t 类型的定义如程序清单 4.19 所示。

程序清单 4.19

```
typedef enum
{
    afAddrNotPresent = AddrNotPresent,
    afAddr16Bit = Addr16Bit,
    afAddr64Bit = Addr64Bit,
    afAddrGroup = AddrGroup,
    afAddrBroadcast = AddrBroadcast
} afAddrMode_t;
```

可见，该类型是一个枚举类型：

- 当 addrMode=Addr16Bit 时，对应点播方式。
- 当 addrMode=AddrGroup 时，对应组播方式。
- 当 addrMode=AddrBroadcast 时，对应广播方式。

这里使用到的 AddrBroadcast、AddrGroup、Addr64Bit 在 ZigBee 协议栈里面的定义如程序清单 4.20 所示。

程序清单 4.20

```
enum
{
    AddrNotPresent = 0,
    AddrGroup = 1,
    Addr16Bit = 2,
    Addr64Bit = 3,
    AddrBroadcast = 15
};
```

这里向读者详细介绍了 AF_DataRequest()函数的第一个参数，因为该参数决定了以哪种方式发送数据。单播通信具体实现的步骤和方法如下：

首先，需要在 SampleApp.c 中的发送函数 void SampleApp_SendPeriodicMessage(void)中定义一个 afAddrType_t 类型的变量。

```
afAddrType_t    SampleApp_Unicast_DstAddr;    //自己的单播通信定义
```

然后，将 addrMode 参数设置为 Addr16Bit，并将发送地址设定为协调器的地址 0x0000。代码如程序清单 4.21 所示。

程序清单 4.21

```
SampleApp_Unicast_DstAddr.addrMode=(afAddrMode_t)Addr16bit;      //点播
SampleApp_Unicast_DstAddr.endPoint = SAMPLEAPP_ENDPOINT;
SampleApp_Unicast_DstAddr.addr.shortAddr = 0x0000;              //发给协调器
```

最后，调用 AF_DataRequest()函数进行数据的无线发送即可。

```
AF_DataRequest( & SampleApp_Unicast_DstAddr,……)
```

若要在上一实验基础上实现无线单播方式发送数据"2014"给协调器，无线发送函数的代码修改如程序清单 4.22 所示。

程序清单 4.22

```
void SampleApp_SendPeriodicMessage ( void )
{
  uint8 data[4]={'2','0','1','4'};
  afAddrType_t   SampleApp_ Unicast _DstAddr;
  SampleApp_ Unicast _DstAddr .addrMode=(afAddrMode_t)Addr16Bit;
  SampleApp_ Unicast _DstAddr.endPoint = SAMPLEAPP_ENDPOINT;
  SampleApp_ Unicast _DstAddr.addr.shortAddr = 0x0000;
  if ( AF_DataRequest( & SampleApp_ Unicast _DstAddr,
                       &SampleApp_epDesc,
                       SAMPLEAPP_PERIODIC_CLUSTERID,
                       4,
                       data,
                       &SampleApp_TransID,
                       AF_DISCV_ROUTE,
                       AF_DEFAULT_RADIUS ) == afStatus_SUCCESS )
  {
  }
}
```

由于协调器不能对自己单播，需要将网络状态改变事件中协调器的状态变化注释掉，具体实现如图 4-18 所示。

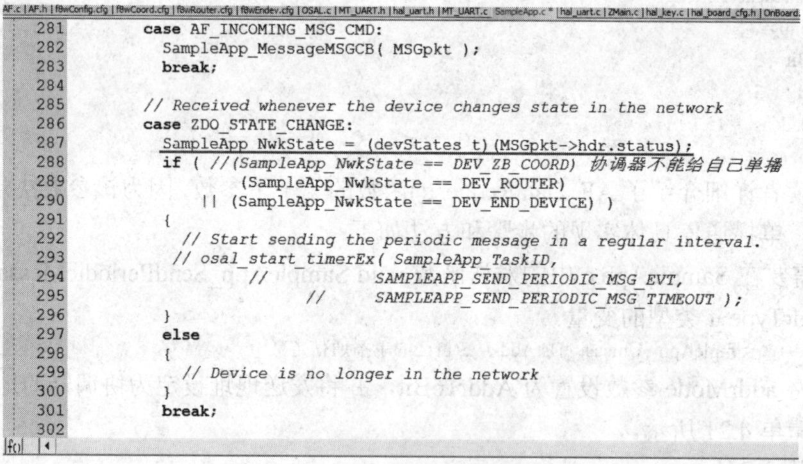

```
case AF_INCOMING_MSG_CMD:
  SampleApp_MessageMSGCB( MSGpkt );
  break;

// Received whenever the device changes state in the network
case ZDO_STATE_CHANGE:
  SampleApp_NwkState = (devStates_t)(MSGpkt->hdr.status);
  if ( //(SampleApp_NwkState == DEV_ZB_COORD) 协调器不能给自己单播
       (SampleApp_NwkState == DEV_ROUTER)
    || (SampleApp_NwkState == DEV_END_DEVICE) )
  {
    // Start sending the periodic message in a regular interval.
   // osal_start_timerEx( SampleApp_TaskID,
         //           SAMPLEAPP_SEND_PERIODIC_MSG_EVT,
              //      SAMPLEAPP_SEND_PERIODIC_MSG_TIMEOUT );
  }
  else
  {
    // Device is no longer in the network
  }
  break;
```

图 4-18　注释协调器网络状态改变事件

至此，我们已经实现了 ZigBee 单播的数据通信方式，将程序代码分别下载到协调器、路由器和终端节点三个模块中，并分别连接到 PC 机的串口调试助手上，可以发现只有协调器能够收到数据，路由器和终端节点无法收到数据，如图 4-19 至图 4-21 所示。组播通信方式的实现方法类似，感兴趣的读者可以参考单播方式自行修改协议栈代码实现。

图 4-19　协调器数据接收界面

图 4-20　路由器无法接收到数据

图 4-21　终端节点无法接收到数据

4.3.3　ZigBee 串口无线透传功能的实现

在 ZigBee 协议栈中串口的数据接收有特定的格式，使用时较为麻烦。本节内容将在前面串口初始化配置的基础上，实现串口的透明传输，所谓串口透传就是不管所传输的数据内容、数据的协议形式，只是把需要传输的内容当成一组二进制数据完美地传输到接收端，不对要传的数据做任何处理。透明传输不用关心下层协议的传输，比如你要寄信，只需要写地址交给邮局就行了，然后对方就能收到你的信，但是中途经过多少车站、邮递员是谁，你根本不知道，所以对于你来说邮递的过程是透明的。

在 MT 层的 MT_UART.c 文件中找到 MT_UartProcessZToolData()函数，这里存放的就是 UART 串口接收数据的代码，下面直接进行修改从而实现串口数据的透明接收，并使得发往上层的串口数据包简化为"数据长度+数据"的格式。代码如程序清单 4.23 所示。

程序清单 4.23

```
void MT_UartProcessZToolData ( uint8 port, uint8 event )
{
    uint8 flag=0,j,k=0;                  //flag 用于判断有没有收到串口数据，k 记录数据长度
    uint8 buf[128];                      //定义串口缓冲区大小，这里使用默认最大的 128
     (void)event;                        // Intentionally unreferenced parameter
     while (Hal_UART_RxBufLen(port))     //检测串口数据是否接收完成
     {
      HalUARTRead (port,&buf[k], 1);     //读取串口数据放到缓冲区 buf 中
      k++;                               //记录数据字符个数
      flag=1;                            //接收标志变为 1，已经从串口接收到信息
```

```
        }
        if(flag==1)              //若已经接收完一帧数据
        {
/* Allocate memory for the data */
            //分配内存空间：分别为结构体内容、数据内容和 1 个记录长度的数据
            pMsg = (mtOSALSerialData_t *)osal_msg_allocate( sizeof
                    ( mtOSALSerialData_t )+k+1);
            //事件号使用 SPI_INCOMING_ZTOOL_PORT
            pMsg->hdr.event = SPI_INCOMING_ZTOOL_PORT;
            pMsg->msg = (uint8*)(pMsg+1);        //把数据定位到结构体数据部分
            pMsg->msg [0]= k;                    //给上层的第一个数据是长度 k
            for(j=0;j<k;j++)                     //从第二个开始记录串口接收到的数据
            pMsg->msg [j+1]= buf[j];
        /*将包含该消息的指针发送到 App_TaskID 任务 ID 中，使得在下一次轮询时能够检测到此状态的变化，执行相应的
后续操作*/
            osal_msg_send( App_TaskID, (byte *)pMsg );
            osal_msg_deallocate ( (uint8 *)pMsg );        //释放内存
        }
    }
```

MT_UartProcessZToolData()函数经过简化后，主要流程如图 4-22 所示。

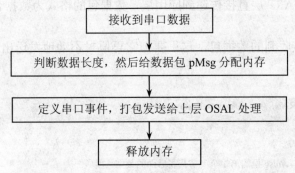

图 4-22　简化后的 MT_UartProcessZToolData 函数工作流程

现在我们已经实现了 ZigBee 协调器向 PC 机发送数据的功能和通过串口透传实现 PC 机向
ZigBee 协调器发送数据的功能，串口的无线透传功能要求协调器接收 PC 机串口发送的相关指
令数据，并发送给终端节点，终端节点收到数据后判断是否驱动执行相应机构动作，以实现上
位机无线控制下位机节点的功能。这就是 ZigBee 网络无线串口透传的功能。

下面将在本地串口透传的基础上将上位机发送的指令数据通过无线串口发送函数广播到
所有的终端节点。

在 SampleApp.c 文件中找到任务处理函数 uint16 SampleApp_ProcessEvent(uint8 task_id,
uint16 events)，在里面添加串口透传事件，如程序清单 4.24 所示。

程序清单 4.24

```
uint16 SampleApp_ProcessEvent( uint8 task_id, uint16 events )
{
```

```
      afIncomingMSGPacket_t *MSGpkt;
      (void)task_id;                          // Intentionally unreferenced parameter

      if ( events & SYS_EVENT_MSG )
      {
        MSGpkt = (afIncomingMSGPacket_t *)osal_msg_receive( SampleApp_TaskID );
        while ( MSGpkt )
        {
          switch ( MSGpkt->hdr.event )          //读取事件
          {
          case SPI_INCOMING_ZTOOL_PORT:                              //串口透传事件
          SampleApp_SerialTRANS ((mtOSALSerialData_t *)MSGpkt);      //无线串口发送
          break;

            case KEY_CHANGE:
            SampleApp_HandleKeys( ((keyChange_t *)MSGpkt)->state, ((keyChange_t *)MSGpkt)->keys );
              break;
          .........................

      }
```

SPI_INCOMING_ZTOOL_PORT 为串口事件号，串口收到数据后由 MT_UART 层传递过来的数据，在由 MT_UART 层直接传递到应用层，数据包的格式为数据长度（datalen）+数据（data）。

接下来就是处理接收到的数据包，这里要把它再原封不动地发送出去，串口事件发送函数如程序清单 4.25 所示。

程序清单 4.25

```
void SampleApp_SerialTRANS (mtOSALSerialData_t *cmdMsg)
{
 uint8 k,len,*str=NULL;
 str=cmdMsg->msg;
 len=*str;               //msg 里的第 1 个字节代表后面的数据长度
  //无线串口数据广播发送
  if ( AF_DataRequest( &SampleApp_Periodic_DstAddr,
&SampleApp_epDesc,
                        SAMPLEAPP_SERIAL_CLUSTERID,
                        len+1,                    //发送数据包长度
                        str,                      //数据内容
                        &SampleApp_TransID,
                        AF_DISCV_ROUTE,
                        AF_DEFAULT_RADIUS ) == afStatus_SUCCESS )
  {
  }
  else
  {
    //发送请求错误
  }
}
```

SAMPLEAPP_SERIAL_CLUSTERID 是定义的无线串口接收判别标志，我们在 SampleApp.h 头文件中加入该标志的定义，如程序清单 4.26 所示。

程序清单 4.26

```
#define SAMPLEAPP_PROFID 0x0F08
#define SAMPLEAPP_DEVICEID 0x0001
#define SAMPLEAPP_DEVICE_VERSION 0
#define SAMPLEAPP_FLAGS 0

#define SAMPLEAPP_MAX_CLUSTERS 2
#define SAMPLEAPP_PERIODIC_CLUSTERID 1
#define SAMPLEAPP_FLASH_CLUSTERID 2
#define SAMPLEAPP_SERIAL_CLUSTERID 3
```

至此，上位机通过串口发送的数据已经被原封不动地发送出去了，接下来是无线串口数据的接收，在 SampleApp_MessageMSGCB()消息处理函数中增加无线串口透传接收代码，如程序清单 4.27 所示。

程序清单 4.27

```
void SampleApp_MessageMSGCB( afIncomingMSGPacket_t *pkt )
{
  uint16 flashTime;
  uint8 k,len;
  switch ( pkt->clusterId )
  {
    case SAMPLEAPP_SERIAL_CLUSTERID:        //如果是无线串口透传数据
    len=pkt->cmd.Data[0];                   //第一个接收到的是数据的长度
    for(k=0;k<len;k++)
    {
HalUARTWrite(0,&pkt->cmd.Data[k+1],1);      //往串口写接收到的数据
}
    HalUARTWrite(0, "\n" ,1);               //回车换行
    break;
  }
}
```

SAMPLEAPP_SERIAL_CLUSTERID 是发送端定义的无线串口传输标志，若在消息处理函数中接收到此标志，说明本次接收到的数据是无线串口透传数据，接下来就可以取出送到串口进行显示了。

将协议栈程序在串口初始化的基础上做以上修改后，分别下载到协调器和终端节点开发板中，并分别连接到 PC 机串口调试助手上，在协调器发送窗口内输入"Hello world!"，单击"发送"按钮；在终端节点串口调试助手内出现了"Hello world!"，如图 4-23 和图 4-24 所示，表明无线串口透传数据收发成功。

图 4-23　协调器通过串口无线发送"Hello world!"数据

图 4-24　终端节点接收到协调器通过无线透传发送过来的数据

本章小结

　　本章通过几个典型的实验完成了几种基本的 ZigBee 无线数据通信，特别是广播和单播通信。此外，还重点介绍了在 ZigBee 通信中协议栈串口数据的收发实现方法。本章中所介绍的 ZigBee 数据通信的实现方法将在接下来的章节中反复涉及，希望读者能够深入理解并动手实践，以便能够快速上手后面的实战项目。

第 5 章　基于 ZigBee 的温湿度采集、灯光及风扇控制系统

本章学习目标

经过上一章节的学习，读者已经基本实现了利用 ZigBee 协议栈进行简单数据通信的目标，在无线传感器网络中，大多数传感器节点负责数据的采集工作，如温度、湿度、液位、压力、光照度、烟雾浓度等。从本章开始将向读者介绍传感器数据如何与 ZigBee 网络结合，构成真正意义上的无线传感网络。本章向读者展示的是温湿度传感器数据的采集、传输、显示和控制的基本流程。通过本章的学习，具体要求读者掌握以下目标：

- 了解温湿度传感器的基本原理及硬件设计方法
- 掌握温湿度传感器的驱动设计方法
- 掌握温湿度传感网络的搭建及控制系统的程序设计方法
- 掌握 ZigBee 温湿度采集、灯光及风扇控制系统 Qt 人机界面的实现方法

5.1　系统基本原理及硬件设计

本系统要实现的功能是 ZigBee 终端传感节点设备读取 DHT11 传感器温湿度信息，通过单播方式发送到协调器，协调器通过串口打印出来，最终在 Qt 上位机界面上能够显示当前传感器节点附近的温湿度值，同时能够通过上位机控制终端节点上的执行机构，从而调整温湿度值，同时实现双向通信。下面将详细讲述项目中温湿度传感网络的搭建和控制系统的程序设计方法，最后介绍控制系统 Qt 人机交互界面的实现方法。

5.1.1　DHT11 数字温湿度传感器简介

DHT11 数字温湿度传感器是一款含有已校准数字信号输出的温湿度复合传感器，如图 5-1 所示。它应用专用的数字模块采集技术和温湿度传感技术，确保产品具有极高的可靠性和卓越的长期稳定性。传感器包括一个电阻式感湿元件和一个 NTC 测温元件，并与一个高性能 8 位单片机相连接。因此该传感器具有超快响应、抗干扰能力强、性价比极高等优点。每个 DHT11 传感器都在极为精确的温湿度校验室中进行校准。校准系数以程序的形式存在 OTP 内存中，传感器内部在检测型号的处理过程中要调用这些校准系数。传感器采用单线制串行接口，使系

统集成变得简易快捷。它具有超小的体积、极低的功耗，信号传输距离可达 20 米以上，使其成为各类应用场合的最佳选择。

图 5-1　DHT11 外形图

5.1.2　DHT11 硬件设计

1．DHT11 传感器的接口电路和数据时序

（1）接口电路及引脚说明。

1）DHT11 典型应用电路如图 5-2 所示。

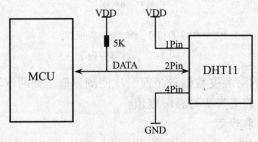

图 5-2　典型应用电路

2）引脚说明如表 5-1 所示。

表 5-1　DHT11 引脚说明

引脚号	引脚名称	类型	引脚说明
1	VDD	电源	正电源输入，3～5.5V DC
2	DATA	输出	单总线，数据输入、输出引脚
3	NC	空	空脚，扩展未用
4	GND	地	电源地

3）电源引脚。

DHT11 的供电电压为 3～5.5V，传感器上电后，要等待 1s 以越过不稳定状态，在此期间无需发送任何指令。电源引脚（VDD、GND）之间可增加一个 100nF 的电容，用以去耦滤波。

4）串行接口（单线双向）。

DATA 引脚用于单片机与 DHT11 之间的通讯和同步，采用单总线数据格式，一次通讯时间 4ms 左右，数据分小数部分和整数部分，具体格式在下面说明，当前小数部分用于以后扩展，现读出为零。操作流程如下：一次完整的数据传输为 40bit，高位先出。具体数据格式为：8bit 湿度整数数据+8bit 湿度小数数据+8bit 温度整数数据+8bit 温度小数数据+8bit 校验和，数据传送正确时校验和数据等于"8bit 湿度整数数据+8bit 湿度小数数据+8bit 温度整数数据+8bit 温度小数数据"所得结果的末 8 位。

（2）数据时序。

用户主机（CC2530 单片机）发送一次开始信号后，DHT11 从低功耗模式转换到高速模式，待主机开始信号结束后，DHT11 发送响应信号，送出 40bit 的数据，并触发一次信号采集。信号发送时序如图 5-3 所示。

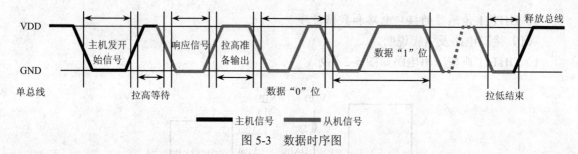

图 5-3　数据时序图

主机从 DHT11 读取的温湿度数据总是前一次的测量值，如两次测量间隔时间很长，需连续读两次，以第二次获得的值为实时温湿度值。

2. CC2530 单片机读取步骤

CC2530 单片机和 DHT11 之间的通信可通过如下几个步骤完成（即单片机读取数据的步骤）。

（1）DHT11 上电后（DHT11 上电后要等待 1s 以越过不稳定状态，在此期间不能发送任何指令），测试环境温湿度数据，并记录数据。同时 DHT11 的 DATA 数据线由上拉电阻拉高一直保持高电平，此时 DHT11 的 DATA 引脚处于输入状态，时刻检测外部信号。

（2）单片机的 I/O 口设置为输出低电平，且低电平保持时间不能小于 18ms，然后微处理器的 I/O 口设置为输入状态，由于上拉电阻，单片机的 I/O 口即 DHT11 的 DATA 数据线也随之变高，等待 DHT11 作出应答信号，发送起始信号如图 5-4 所示。

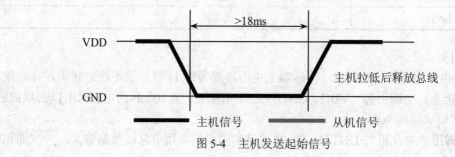

图 5-4　主机发送起始信号

（3）DHT11 的 DATA 引脚检测到外部信号有低电平时，等待外部信号低电平结束，延迟后 DHT11 的 DATA 引脚处于输出状态，输出 80μs 的低电平作为应答信号，紧接着输出 80μs 的高电平通知外设准备接收数据，单片机的 I/O 口此时处于输入状态，检测到 I/O 口有低电平（DHT11 应答信号）后，等待 80μs 高电平后的数据接收，发送信号如图 5-5 所示。

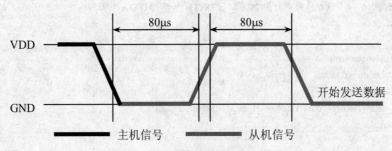

图 5-5　主机发送信号

（4）由 DHT11 的 DATA 引脚输出 40 位数据，单片机根据 I/O 电平的变化接收 40 位数据，位数据"0"的格式为：50μs 的低电平和 26～28μs 的高电平，位数据"1"的格式为：50μs 的低电平加 70μs 的高电平。位数据"0""1"信号格式如图 5-6 所示。

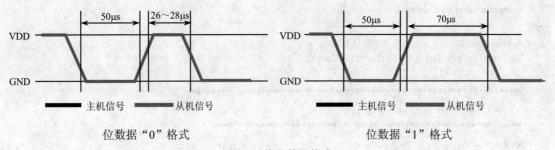

图 5-6　信号数据格式

（5）结束信号：DHT11 的 DATA 引脚输出 40 位数据后，继续输出低电平 50μs 后转为输入状态。DHT11 内部重测环境温湿度数据，并记录数据，等待外部信号的到来。

5.1.3　DHT11 传感器驱动程序的设计

编程需要完成的任务就是按照数据手册上的时序，以 CC2530 单片机的编程方式去拉低或拉高相应引脚的电平，就可以读取传感器的数据。CC2530 单片机裸机驱动（无协议栈）DHT11 传感器的程序如程序清单 5.1 所示。

程序清单 5.1

```
/**********************************/
/*程序名称：温湿度传感器 DHT11 驱动程序 */
/*描述：将采集到的温湿度信息通过串口打印到串口调试助手
```

```
**********************************/
#include <ioCC2530.h>
#include <string.h>
#define uchar unsigned char
#define uint unsigned int
#define wenshi P0_6        //CC2530 单片机 P0.6 口与 DHT11 传感器 DATA 引脚相连

//温湿度定义
uchar ucharFLAG,uchartemp;
uchar shidu_shi,shidu_ge,wendu_shi,wendu_ge=4;
//最终温湿度数据
uchar ucharT_data_H,ucharT_data_L,ucharRH_data_H,ucharRH_data_L,
ucharcheckdata;
//临时温湿度数据
uchar ucharT_data_H_temp,ucharT_data_L_temp,ucharRH_data_H_temp,
ucharRH_data_L_temp,ucharcheckdata_temp;
uchar ucharcomdata;

uchar temp[2]={0,0};     uchar temp1[6]= "wendu=";
uchar humidity[2]={0,0};
uchar humidity1[6]= "shidu=";

void InitUart();                  //初始化串口
void Uart_Send_String(unsigned char *Data,int len);


/**************************************************************
    串口初始化函数
**********************************************************/
void InitUart()
{
    CLKCONCMD &=  ～0x40;        // 设置系统时钟源为 32MHz 晶振
    while(CLKCONSTA & 0x40);      // 等待晶振稳定
    CLKCONCMD &=  ～0x47;        // 设置系统主时钟频率为 32MHz
    PERCFG = 0x00;
    P0SEL = 0x3c;
    P2DIR &=  ～0XC0;

    U0CSR |= 0x80;
    U0GCR |= 11;
    U0BAUD |= 216;         // 波特率设为 115200
    UTX0IF = 0;

}
```

```
/***********************************************************
串口发送字符串函数
***********************************************************/
void Uart_Send_String(uchar *Data,int len)
{
  {
   int j;
   for(j=0;j<len;j++)
   {
     U0DBUF = *Data++;
     while(UTX0IF == 0);
     UTX0IF = 0;
   }
  }
}
void Delay_us()                //1μs 延时函数
{
/** asm("nop")指汇编指令 nop，即空操作，其执行时间是一个时钟周期**/
    asm("nop");
    asm("nop");
    asm("nop");
    asm("nop");
    asm("nop");
    asm("nop");
    asm("nop");
    asm("nop");
    asm("nop");
}
void Delay_10us()               //10μs 延时函数
{
   Delay_us();
   Delay_us();
   Delay_us();
   Delay_us();
   Delay_us();
   Delay_us();
   Delay_us();
   Delay_us();
   Delay_us();
   Delay_us();
}
void Delay_ms(uint Time)         //n ms 延时
{
   unsigned char i;
```

```
   while(Time--)
   {
     for(i=0;i<100;i++)
      Delay_10us();
   }
}


/****************从 DHT11 读取一个字节函数******************/
void COM(void)
{
    uchar i;
    for(i=0;i<8;i++)
    {
     ucharFLAG=2;
     while((!wenshi)&&ucharFLAG++);      //"渡过"数据起始位低电平
     Delay_10us();
     Delay_10us();
     Delay_10us();
     uchartemp=0;
     if(wenshi)uchartemp=1;
     ucharFLAG=2;
     while((wenshi)&&ucharFLAG++);
     if(ucharFLAG==1)
     break;
     ucharcomdata<<=1;
     ucharcomdata|=uchartemp;
     }
}


/*****************DHT11 读取温湿度数据函数******************/
void DHT11(void)
{
P0DIR |= 0x40; //配置 IO 口为输出

    wenshi=0;
    Delay_ms(19);                       //主机拉低>18ms
    wenshi=1;
    Delay_10us();
    Delay_10us();
    Delay_10us();
    Delay_10us();                       //总线由上拉电阻拉高，主机延时 20~40μs
    P0DIR &=  ～0x40;                    //重新配置 IO 口方向为输入
     if(!wenshi)                        //判断从机是否低电平应答
      {
```

```
        ucharFLAG=2;
        while((!wenshi)&&ucharFLAG++);          //响应信号"渡过"DHT11 的应答信号
        ucharFLAG=2;
        while((wenshi)&&ucharFLAG++);            //拉高准备输出数据
        COM();
        ucharRH_data_H_temp=ucharcomdata;        //湿度数据高 8 位
        COM();
        ucharRH_data_L_temp=ucharcomdata;        //湿度数据低 8 位
        COM();
        ucharT_data_H_temp=ucharcomdata;         //温度数据高 8 位
        COM();
        ucharT_data_L_temp=ucharcomdata;         //温度数据低 8 位
        COM();
        ucharcheckdata_temp=ucharcomdata;        //校验值
        wenshi=1;
        uchartemp=(ucharT_data_H_temp+ucharT_data_L_temp+ucharRH_data_H_temp+ucharRH_data_L_temp);
          if(uchartemp==ucharcheckdata_temp)
        {
            ucharRH_data_H=ucharRH_data_H_temp;
            ucharRH_data_L=ucharRH_data_L_temp;
            ucharT_data_H=ucharT_data_H_temp;
            ucharT_data_L=ucharT_data_L_temp;
            ucharcheckdata=ucharcheckdata_temp;
        }
            wendu_shi=ucharT_data_H/10;
            wendu_ge=ucharT_data_H%10;
             shidu_shi=ucharRH_data_H/10;
            shidu_ge=ucharRH_data_H%10;
        }
        else                                     //没用成功读取，返回0
        {
            wendu_shi=0;
            wendu_ge=0;

            shidu_shi=0;
            shidu_ge=0;
        }
}
//////////////////////////////////////////
/*************************
        主函数
*************************/
void main(void)
{
```

```
/*让设备稳定：传感器上电后，要等待 1s 以越过不稳定状态，在此期间无需发送任何指令*/
    Delay_ms(1000);
    InitUart();              //串口初始化
    while(1)
    {
    DHT11();                 //获取温湿度
     /*******温湿度的 ASCII 码转换*******/
    temp[0]=wendu_shi+0x30;
    temp[1]=wendu_ge+0x30;
    humidity[0]=shidu_shi+0x30;
    humidity[1]=shidu_ge+0x30;

    /*******温湿度信息通过串口显示********/
    Uart_Send_String(temp1,6);
    Uart_Send_String(temp,2);
    Uart_Send_String("\n",1);
    Uart_Send_String(humidity1,6);
    Uart_Send_String(humidity,2);
    Uart_Send_String("\n",1);
    Delay_ms(3000);         //延时，以大约 3s 的周期读取 1 次温湿度
    }
}
```

以上是针对 CC2530 单片机编写的 DHT11 传感器的裸机驱动程序，读懂相关代码的含义需要读者掌握一定的单片机基础知识。相关寄存器的定义请参考 TI CC2530 单片机数据手册。

将程序文件按照第二章 2.2.2 节"IAR 操作指南"进行项目的配置、编译，并下载到温湿度节点开发板中，如图 5-7 所示。打开串口调试助手，可以看到每隔 3s 左右接收到一次温湿度值，如图 5-8 所示，说明 CC2530 单片机能够正确驱动 DHT11 温湿度传感器。

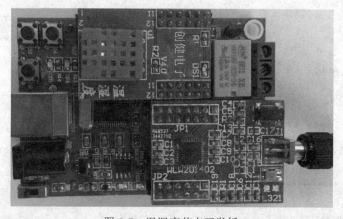

图 5-7　温湿度节点开发板

图 5-8　节点接收到温湿度数据

5.2　ZigBee 协调器程序功能实现

协调器建立 ZigBee 无线网络后，终端节点自动加入到该网络中，然后终端节点周期性地采集温湿度数据并将其发送给协调器，协调器收到温湿度数据后，通过串口将其输出到 PC 机上，同时能够转发 PC 机发送的数据给终端节点。无线温湿度采集和 PC 机无线控制执行机构和外设的实现效果如图 5-9 和图 5-10 所示。

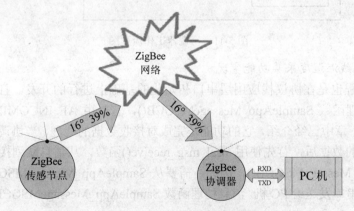

图 5-9　温湿度数据采集效果图

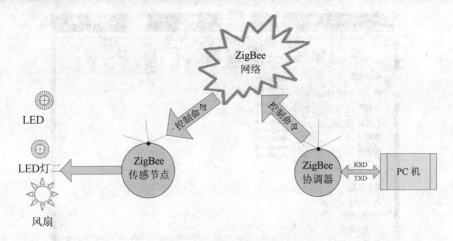

图 5-10 无线控制效果图

无线温湿度控制系统中协调器的工作流程如图 5-11 所示。

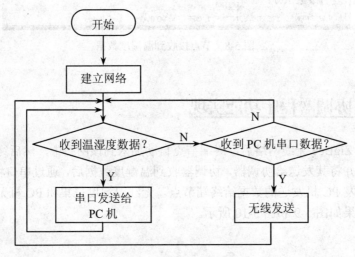

图 5-11 协调器工作流程图

1. 协调器无线温湿度采集功能实现

协调器的编程也是在协议栈应用层串口初始化的基础上进行的开发，打开 SampleApp.c 文件找到消息处理函数 SampleApp_MessageMSGCB()，它是由 AF_INCOMING_ MSG_CMD 事件产生的，上一章中已经介绍，它的功能是完成对接收数据的处理，当协调器收到终端传感器节点发送过来的数据后，首先使用 osal_msg_receive()函数，从消息队列接收到消息，然后调用 SampleApp_MessageMSGCB()，因此，需要从 SampleApp_MessageMSGCB()函数中将接收到的数据通过串口发送给 PC 机。消息处理函数 SampleApp_MessageMSGCB()的代码如程序清单 5.2 所示。

程序清单 5.2

```
void SampleApp_MessageMSGCB( afIncomingMSGPacket_t *pkt )
{
    uint8 i,len;
    uint16 flashTime;
    switch ( pkt->clusterId )
    {
        case    SAMPLEAPP_PERIODIC_CLUSTERID:
        /***********温度打印***************/
        HalUARTWrite(0,"0101",4);                //提示接收到数据 0101 代表 1 号节点附近的温度
        HalUARTWrite(0,&pkt->cmd.Data[0],2);     //温度
        HalUARTWrite(0,"\n",1);                  //回车换行

        /**************湿度打印***************/
        HalUARTWrite(0,"0102:",4);               //提示接收到数据 0102 代表 1 号节点附近的湿度
        HalUARTWrite(0,&pkt->cmd.Data[2],2);     //湿度
        HalUARTWrite(0,"\n",1);                  //回车换行
        break;
    }
}
```

消息接收函数的代码比较简单，在上一章无线数据通信中已经分析了接收到的数据位置在*Data 参数指向的缓冲区中，&pkt->cmd.Data 就是存放接收数据的首地址。接收到的数据前面加上 0101 和 0102 字符是为了后面 Qt 上位机编程时方便判别数据的意义。

2. 协调器接收 PC 机控制命令功能实现

协调器在不断接收温湿度数据时，同时还必须能够接收 PC 机的控制命令，并能够将命令发给终端节点，从而实现 PC 机无线控制节点执行机构的功能。本部分的功能实现已在上一章 ZigBee 串口无线透传功能的实现中介绍，这里不再重复。

5.3　ZigBee 终端节点程序功能实现

对于终端节点而言，需要周期性地采集温湿度数据，采集到的温湿度数据可以通过读取 DHT11 温湿度传感器得到。同时终端节点还需要接收来自协调器转发的 PC 机控制命令，从而实现对相关硬件的控制操作。无线温湿度控制系统中终端节点的工作流程如图 5-12 所示。

1. 终端温湿度数据发送功能的实现

使用 ZigBee 协议栈进行无线温湿度传感网络开发时，可以将 5.1.3 节中完成的温湿度传感器驱动相关的函数嵌入在协议栈应用层（APP）目录下，即将裸机驱动移植到 Z-Stack 协议栈上。具体功能的实现方法如下。

（1）移植裸机驱动。

将裸机驱动程序保存到 DHT11.c 文件中，在协议栈的应用层目录树下右击选择添加文件，如图 5-13 所示。将 DHT11.c 文件添加到应用层目录，添加成功后的应用层目录如图 5-14 所示。

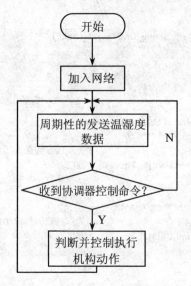

图 5-12 终端节点工作流程图

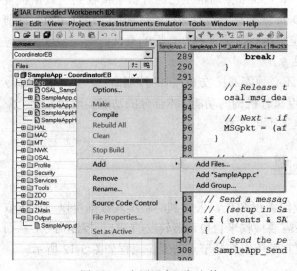

图 5-13 应用层中添加文件

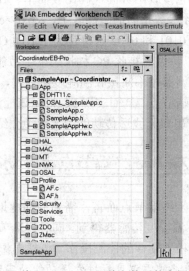

图 5-14 嵌入 DHT11.c 驱动文件后的应用层目录

（2）修改裸机驱动。

由于原有裸机驱动中的延时函数在协议栈中会有很大的误差，而协议栈中有更为精确的系统延时函数，并且协议栈中也已经有 main 函数，所以需要将裸机驱动中的延时函数修改成协议栈自带的延时函数，以保证数据时序的正确，同时删除裸机驱动中的 main 函数。

裸机驱动中的延时函数主要有 Delay_us() 和 Delay_10us() 函数，分别修改为如程序清单5.3 和 5.4 所示的代码。

程序清单 5.3

```
/*********1μs 延时******/
void Delay_us(void)
{
    MicroWait(1);
}
```

程序清单 5.4

```
/*********10μs 延时******/
void Delay_10us(void)
{
    MicroWait(10);
}
```

由于 MicroWait() 系统延时函数的定义在协议栈 OnBoard.h 文件中，所以需要在 DHT11.c 文件中包含 OnBoard.h 头文件，同时增加相关驱动函数的声明，如图 5-15 所示。

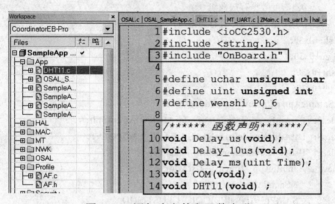

图 5-15　添加头文件和函数声明

（3）协议栈终端发送函数开发。

因为终端节点加入网络后，需要周期性地向协调器发送温湿度数据，所以这里仍然使用到 ZigBee 协议栈里面的定时函数 osal_start_timerEx()，该函数可以实现毫秒级的定时，发送数据到协调器，这就实现了数据的周期性发送。

osal_start_timerEx() 函数原型如下：

```
osal_start_timerEx( SampleApp_TaskID,
                    SAMPLEAPP_SEND_PERIODIC_MSG_EVT,
                    SAMPLEAPP_SEND_PERIODIC_MSG_TIMEOUT );
```

在 osal_start_timerEx() 函数中，三个参数分别表示了定时时间到达后，哪个任务对其做出响应，事件具体的 ID，定时的时间（以毫秒为单位）。接下来是添加对该事件的事件处理函数，如程序清单 5.5 所示。

程序清单 5.5

```
if ( events & SAMPLEAPP_SEND_PERIODIC_MSG_EVT )
  {
```

```
//调用周期性发送函数
SampleApp_SendPeriodicMessage();
osal_start_timerEx(SampleApp_TaskID,SAMPLEAPP_SEND_PERIODIC_MSG_EVT,3000);
 return (events ^ SAMPLEAPP_SEND_PERIODIC_MSG_EVT);
}
```

如果事件 SAMPLEAPP_SEND_PERIODIC_MSG_EVT 发生，则 events & SAMPLEAPP_SEND_PERIODIC_MSG_EVT 为真，则执行 SampleApp_SendPeriodicMessage()周期性函数，向协调器发送采集到的温湿度数据，发送完数据后再定时 3s，同时通过 events^SAMPLEAPP_SEND_PERIODIC_MSG_EVT 清除数据，定时时间到达后，还会继续上述处理，这样就实现了周期性的发送数据。数据周期性发送函数代码如程序清单 5.6 所示。

程序清单 5.6

```
void SampleApp_SendPeriodicMessage ( void )
{
    uint8 W_S[4];          //温湿度数据存放数组
    DHT11();               //调用驱动函数，进行温湿度采集
    W_S[0]=wendu_shi+0x30;
    W_S [1]=wendu_ge+0x30;
    W_S [2]=shidu_shi+0x30;
    W_S [3]=shidu_ge+0x30;
    afAddrType_t    SampleApp_ Unicast _DstAddr;
    SampleApp_ Unicast _DstAddr .addrMode=(afAddrMode_t)Addr16bit;
    SampleApp_ Unicast _DstAddr.endPoint = SAMPLEAPP_ENDPOINT;
    SampleApp_ Unicast _DstAddr.addr.shortAddr = 0x0000;
    if ( AF_DataRequest( & SampleApp_ Unicast _DstAddr,
                    &SampleApp_epDesc,
                    SAMPLEAPP_PERIODIC_CLUSTERID,
                    4,
                    W_S,
                    &SampleApp_TransID,
                    AF_DISCV_ROUTE,
                    AF_DEFAULT_RADIUS ) == afStatus_SUCCESS )
    {
    }
}
```

在上述数据发送函数中，发送温湿度数据到协调器，因为协调器的网络地址是 0x0000，所以直接调用数据发送函数 AF_DataRequest()即可，在该函数的参数中确定了发送的目的地址是协调器地址 0x0000，发送模式是单播，发送的数据是存放温湿度的数组变量 W_S[4]，数据长度是 4。

此外，由于在协议栈中调用的温湿度传感器驱动函数 DHT11()和相关温湿度变量并不在 SampleApp.c 文件中，而是在 DHT.c 文件中，所以需要进行全局声明，如图 5-16 所示。

至此，终端节点温湿度数据发送功能已全部实现，协议栈每隔 3s 调用 DHT11 温湿度传感器驱动函数，并通过单播方式发送给协调器。

```
OSAL.c  OSAL_SampleApp.c  SampleApp.c  DHT11.c*  MT_UART.c  ZMain.c  mt_uart.h  hal_uart.h  hal_key.h  hal_key.c  hal_board_cfg.h  OnBoard.c  f8wC
147 /************************************************************
148  * LOCAL FUNCTIONS
149  */
150 void SampleApp_HandleKeys( uint8 shift, uint8 keys );
151 void SampleApp_MessageMSGCB( afIncomingMSGPacket_t *pckt );
152 void SampleApp_SendPeriodicMessage( void );
153 void SampleApp_SendFlashMessage( uint16 flashTime );
154
155 extern void DHT11(void);
156 extern unsigned char shidu shi,shidu ge,wendu shi,wendu ge;
157 /************************************************************
158  * NETWORK LAYER CALLBACKS
159  */
160
161 /************************************************************
162  * PUBLIC FUNCTIONS
163 */
```

图 5-16　函数和变量的全局声明

2. 终端控制执行机构功能实现

终端接收协调器发送过来的控制命令，并判断命令含义，从而控制外部设备的开关，同样这里在数据接收函数 SampleApp_MessageMSGCB()中进行修改，相关代码如程序清单 5.7 所示。

程序清单 5.7

```
void SampleApp_MessageMSGCB( afIncomingMSGPacket_t *pkt )
{
    switch ( pkt->clusterId )
    {
    case SAMPLEAPP_SERIAL_CLUSTERID:        //如果是无线串口透传信息
      if(pkt->cmd.Data[1]=='2' && pkt->cmd.Data[2] =='6' &&pkt->cmd.Data[3]== '7')
        {
          P1DIR |=0x08;
          P1_3=~P1_3;      //改变继电器状态
        }
        if(pkt->cmd.Data[1]=='2' && pkt->cmd.Data[2] =='1' &&pkt->cmd.Data[3]== '7')
        {
          P1DIR |=0x01;
          P1_0=~P1_0;      //改变 Light1 状态
        }
        if(pkt->cmd.Data[1]=='2' && pkt->cmd.Data[2] =='2' &&pkt->cmd.Data[3]== '7')
        {
          P1DIR |=0x02;
          P1_1=~P1_1;      //改变 Light2 状态
        }
        break;
        ........................

}
```

由于接收到的数据长度存放在 pkt->cmd.Data[0]中，所以这里从 pkt->cmd.Data[1]开始判断接收到的数据，如果接收到的是"267"字符，就通过继电器改变风扇的状态；如果接收到的是"217"字符，就改变第一盏灯的状态；如果接收到的是"227"字符，就改变第二盏灯的状态。

5.4　下载和调试通信程序

选择不同的设备对象，将协议栈程序分别下载到 ZigBee 协调器和温湿度终端节点开发板，打开串口调试助手，波特率设为 115200，开启协调器和终端节点电源，当组网成功后，在串口调试助手上可以看到采集到的温湿度数据，如图 5-17 所示采集到的温湿度数据，可以得知目前节点 1 附近的温湿度是 27 摄氏度和 39%。当分别发送"267""217"和"227"指令后后，可以看到继电器、LED1 和 LED2 的状态发生变化。

图 5-17　采集到的节点附近温湿度数据

5.5　PC 端 Qt 图形交互 ZigBee 采集控制系统设计

5.5.1　ZigBee 采集控制系统功能设计

ZigBee 采集控制系统功能模块分成两个部分，一个是温湿度采集模块，另一个是灯光及风扇控制模块，如图 5-18 所示为软件功能模块设计结构图。

1. 温湿度采集模块

温湿度采集模块包括温度数据采集和湿度数据采集显示。这里温湿度传感器实时采集温湿度数据信息，周期性地通过 ZigBee 网络发送至 ZigBee 协调器，由 ZigBee 协调器通过 RS-232 串口发送给 PC 机进行解析处理，并显示在 Qt 图形交互界面上。如图 5-19 所示为温湿度采集模块流程图。

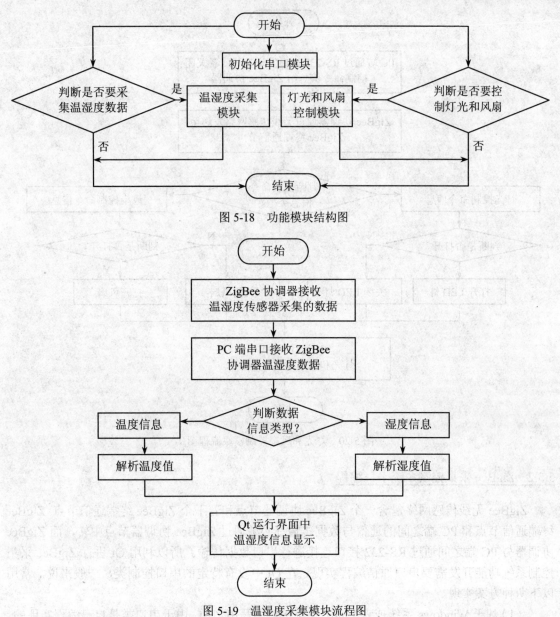

图 5-18   功能模块结构图

图 5-19   温湿度采集模块流程图

2. 灯光和风扇控制模块

灯光和风扇控制模块包括灯光和风扇的打开和关闭控制显示。当单击 Qt 的 ZigBee 采集控制系统界面上灯光按钮或者风扇按钮时，PC 端发送打开或者关闭控制命令信息给 ZigBee 协调器，再由 ZigBee 协调器通过无线传感网络发送至 ZigBee 终端通信节点，实现灯光或者风扇的打开、关闭控制。如图 5-20 所示为灯光和风扇控制模块流程图。

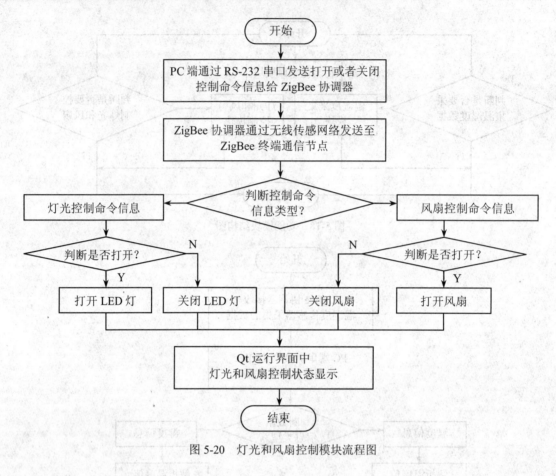

图 5-20　灯光和风扇控制模块流程图

5.5.2　ZigBee 采集控制系统串口编程

ZigBee 无线传感网络包含一个 ZigBee 协调器节点和若干个 ZigBee 终端通信节点，ZigBee 终端通信节点和 PC 端之间的通信与数据传输都必须通过 ZigBee 协调器节点中转，而 ZigBee 协调器与 PC 端之间通过 RS-232 接口连接进行串口数据传输。所以利用 Qt 进行 ZigBee 采集控制系统功能开发需要串口通信编程实现。在 Qt 中没有特定的串口控制类，一般来说，常用以下两种方案实现。

（1）基于 Windows 系统或者 Linux 系统接口编写串口类，由于串口类是自己编程实现的，功能根据设计需求可以扩充，因此可扩展性较强。但对开发者来说，要求编程水平较高。

（2）利用第三方串口控制类 qextserialport 类，实现在 Windows 系统或者 Linux 系统下的串口通信。

本项目使用第三方的 qextserialport 类，实现 ZigBee 协调器与 PC 端之间串口数据传输。这里使用的版本为 qextserialport-1.2win-alpha.zip，解压之后文件夹内容如图 5-21 所示。

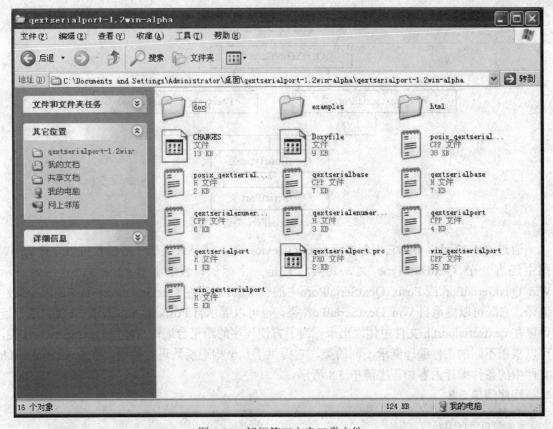

图 5-21　解压第三方串口类文件

下面分别介绍 qextserialport 类中的相关文件。

（1）doc 文件夹中的文件内容是 QextSerialPort 类和 QextBaseType 的简单说明，可以使用记事本程序将其打开。

（2）examples 文件夹中是几个例子程序，可以通过 Qt Creator 查看和编译里面的源码。

（3）html 文件夹中是 QextSerialPort 类的使用文档。

（4）qextserialbase.cpp 和 qextserialbase.h 文件定义了一个 QextSerialBase 类。

（5）win_qextserialport.cpp 和 win_qextserialport.h 文件定义了一个 Win_QextSerialPort 类。

（6）posix_qextserialport.cpp 和 posix_qextserialport.h 文件定义了一个 Posix_QextSerialPort 类。

（7）qextserialport.cpp 和 qextserialport.h 文件定义了一个 QextSerialPort 类。这里 QextSerialPort 类就是上面所说的那个，它是所有这些类的子类，是最高的抽象，它屏蔽了 Windows、Linux 等其他系统平台特征，使得在任何平台上都可以使用它。

这些类中存在着继承关系，如图 5-22 所示。

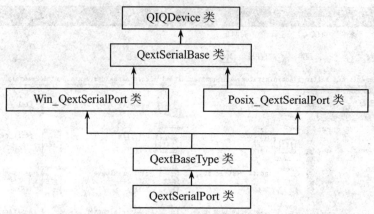

图 5-22　QextSerialPort 类继承关系

通过图 5-22 可以看到它们都继承自 QIODevice 类，所以该类的一些函数可以直接调用。图中还有一个 QextBaseType 类，其实它只是一个标识，没有具体的内容，它用来表示 Win_QextSerialPort 或 Posix_QextSerialPort 中的一个类，因为在 QextSerialPort 类中使用了条件编译，它既可以继承自 Win_QextSerialPort 类，也可以继承自 Posix_QextSerialPort 类，这一点可以在 qextserialport.h 文件中体现出来。为了方便程序的跨平台编译，使用 QextSerialPort 类，可以根据不同的条件编译继承不同的类，它提供了几个构造函数进行使用。在 qextserialport.h 文件中的条件编译内容如程序清单 5.8 所示。

程序清单 5.8

```
/*POSIX CODE*/
#ifdef _TTY_POSIX_
#include "posix_qextserialport.h"
#define QextBaseType Posix_QextSerialPort
/*MS WINDOWS CODE*/
#else
#include "win_qextserialport.h"
#define QextBaseType Win_QextSerialPort
#endif
```

所以一定要注意在 Linux 下这里需要添加 #define _TTY_POSIX_，然后直接使用 Posix_QextSerialPort 类就可以了。由于本项目开发是在 Windows 平台下进行串口通信的，这里直接使用 Win_QextSerialPort 类就可以了。另外在 QextSerialBase 类中还涉及到了一个枚举变量 QueryMode。QueryMode 指的是读取串口的方式，它有两个值 Polling 和 EventDriven。Polling 称为查询方式，而 EventDriven 称为事件驱动方式。在 Windows 下支持以上两种模式，而在 Linux 下只支持 Polling 模式。对于事件驱动方式 EventDriven 就是使用事件处理串口的读取，一旦有数据到来，就会发出 readyRead()信号，本项目通过事件驱动方式进行串口编程实现关联该信号来读取串口的数据。在事件驱动的方式下，串口的读写是异步的，调用读写函数会立即返回，它们不会冻结调用线程。而查询方式 Polling 则不同，读写函数是同步执行的，信号不能工作在这种模式下，而且有些功能也无法实现。

5.6　PC 端 Qt 图形交互 ZigBee 采集控制系统实现

5.6.1　ZigBee 采集控制系统窗体界面设计

1. 创建 ZigBee 采集控制系统工程项目

（1）打开 Qt Creator 开发环境，单击"文件"→"新建文件或工程"选项，出现"新建"对话框，如图 5-23 所示，单击选中"Qt Gui 应用"模板，单击"选择"按钮。

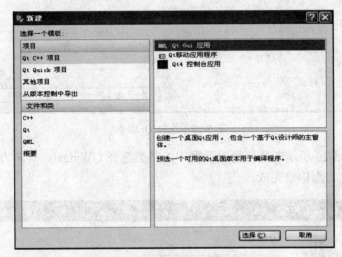

图 5-23　新建工程对话框

（2）在弹出的图 5-24 所示的工程中，名称输入：ZigBeeControlApp，单击"下一步"按钮。

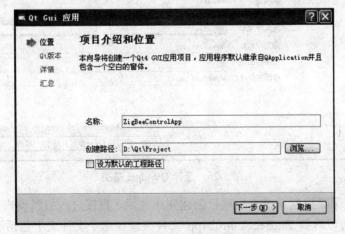

图 5-24　项目介绍和位置对话框

（3）在如图 5-25 所示的 Qt 版本选择对话框中，选择 Qt4.7.4 版本，单击"下一步"按钮。

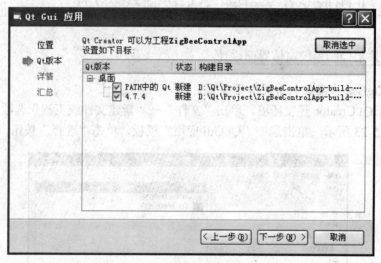

图 5-25　选择 Qt 版本

（4）在如图 5-26 所示的类信息对话框中，基类选择 QWidget，类名为 MyWidget，单击"下一步"按钮，工程构建完成。

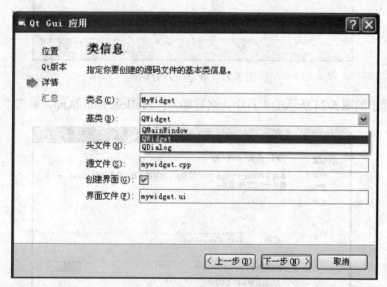

图 5-26　选择 QWidget 基类

（5）ZigBee 采集控制系统工程项目创建完成之后，直接进入编辑模式，如图 5-27 所示，打开项目目录，可以看到 ZigBeeControlApp 文件夹，在这个文件夹中包括了六个文件，各个文件功能说明如表 5-2 所示。

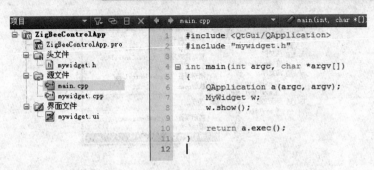

图 5-27　编辑模式

表 5-2　项目目录中各个文件功能说明

文件	功能说明
ZigBeeControlApp.pro	该文件是项目文件，其中包含了项目相关信息
ZigBeeControlApp.pro.user	该文件中包含了与用户有关的项目信息
mywidget.h	该文件是新建的 MyWidget 类的头文件
mywidget.cpp	该文件是新建的 MyWidget 类的源文件
main.cpp	该文件中包含了 main()主函数
mywidget.ui	该文件是设计师设计的界面对应的界面文件

2．添加第三方串口类文件

在 Windows 系统下需要将 qextserialbase.cpp 和 qextserialbase.h 以及 win_qextserialport.cpp 和 win_qextserialport.h 这四个文件导入到 ZigBeeControlApp 工程文件夹中。

（1）将四个文件复制添加到 ZigBeeControlApp 工程文件夹中，如图 5-28 所示。

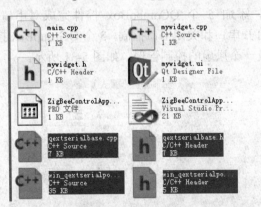

图 5-28　添加文件到 ZigBeeControlApp 工程文件夹

（2）右击 ZigBeeControlApp 工程，选择"添加现有文件"选项，如图 5-29 所示。选择前面刚刚复制到 ZigBeeControlApp 工程文件夹项目中的四个文件。

图 5-29 选择添加现有文件选项

（3）添加完成之后，可以看到 ZigBeeControlApp 工程文件夹项目中已添加完成的四个文件，如图 5-30 所示。

图 5-30 工程文件夹中添加完成四个文件

3. 窗体界面设计

（1）在界面设计中，添加 5 个 QComboBox 控件完成对串口通信参数的设置，2 个 QPushButton 按钮，实现打开串口和关闭串口控制，3 个 QGroupBox 控件，实现温湿度信息显示、两个 LED 灯控制以及一个风扇的控制管理，如图 5-31 所示。

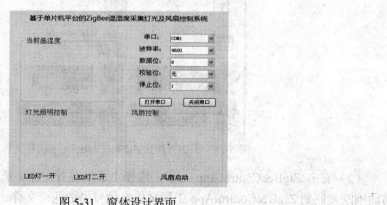

图 5-31 窗体设计界面

（2）添加资源文件。

在上面的界面设计中，通过添加各种控件初步完成了整体界面设计，但为了美化程序的界面，Qt 提供了一种资源文件的方法来美化程序界面，具体操作如下。

1）单击"文件"→"新建文件或工程"选项，弹出的"新建"对话框如图 5-32 所示，在左侧的"文件和类"中选择 Qt，右侧选择"Qt 资源文件"，单击"选择"按钮。

图 5-32　ZigBeeControlApp 工程创建资源文件

2）将资源文件命名为 image，并将路径设置为 ZigBeeControlApp 工程项目所在的路径。如图 5-33 所示。

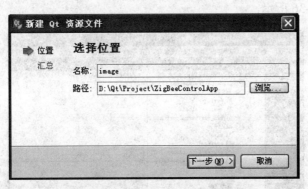

图 5-33　资源文件命名及路径选择

3）完成上述操作之后，在如图 5-34 所示的项目中可以看到 ZigBeeControlApp 工程中增加了一个名为 image.qrc 的资源文件。

图 5-34　工程项目中添加资源文件

4）在 ZigBeeControlApp 工程项目中添加 images 文件夹，将如图 5-35 所示的图片添加进去。

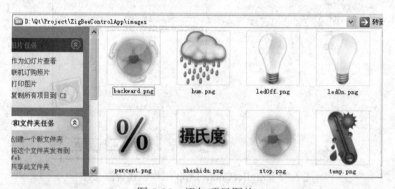

图 5-35　添加项目图片

5）打开 image.qrc 资源文件，单击"添加"按钮，选择"添加前缀"命令，在前缀栏中输入"/image"，如图 5-36 所示。

图 5-36　添加资源前缀

6）添加了前缀之后，就可以往资源文件中添加资源文件了，依然选择单击"添加"→"添加文件"命令。这里选择工程项目中 images 文件夹下的六个图片文件，添加完成之后，显示如图 5-37 所示的图片资源。

图 5-37　图片资源添加完成

7）打开 mywidget.ui 文件，在窗体界面的当前温湿度 GroupBox 控件中添加四个 Label 控件和两个 TextEdit 控件，选择一个 Label 控件，在属性栏中选择如图 5-38 所示的 pixmap 属性。

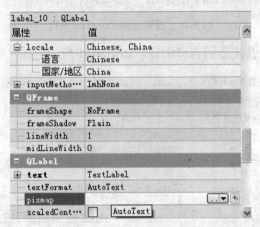

图 5-38　pixmap 属性设置

8）在图 5-39 所示的"选择资源"对话框中选择 temp.png 资源文件，单击"确定"按钮。

9）勾选 scaleContents 属性栏中的复选框，这样显示的内容将保持同比例放大或缩小。如图 5-40 所示。

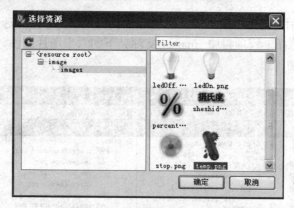

图 5-39　"选择资源"对话框

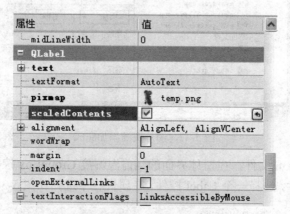

图 5-40　设置 scaleContents 属性

10）操作完成之后，在主界面窗口中显示如图 5-41 所示的图片效果。

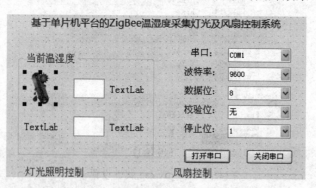

图 5-41　温度的 Label 控件显示效果

11）依次完成当前温湿度 GroupBox 控件中四个 Label 控件的 pixmap 属性设置，并勾选 scaleContents 属性栏中的复选框，完成之后显示如图 5-42 所示的界面效果。

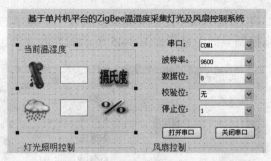

图 5-42 温湿度模块的 Label 控件显示效果

12）在风扇控制的 GroupBox 控件中添加 PushButton 控件，并勾选 flat 属性栏中的复选框，如图 5-43 所示。

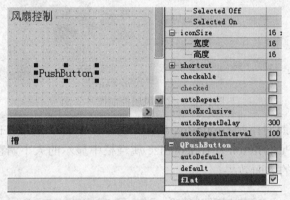

图 5-43 添加 PushButton 按钮及属性设置

13）选择 PushButton 控件的 icon 属性，在"选择资源"对话框中选择 stop.png 图片资源，单击"确定"按钮，如图 5-44 所示。

图 5-44 添加 PushButton 控件图片资源

14）操作完成之后，将 PushButton 控件 iconSize 属性栏中显示的大小调整为 100×100，这时在主界面窗体的风扇控制界面中显示如图 5-45 所示的界面效果。

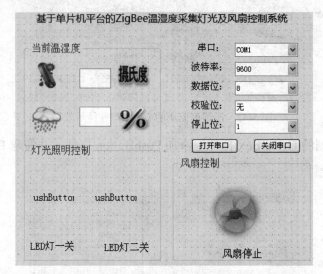

图 5-45　设置风扇控制图片资源

15）依次勾选灯光照明控制 GroupBox 控件中两个 PushButton 控件的 icon 属性和 flat 属性栏中的复选框，并将 PushButton 控件 iconSize 属性栏中显示的大小调整为 100×100，完成之后显示如图 5-46 所示的界面效果。

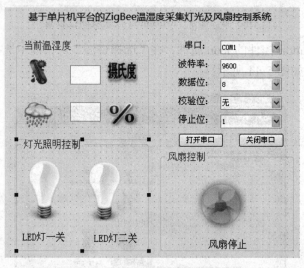

图 5-46　设置灯光照明控制图片资源

（3）将图 5-46 中主要控件进行规范命名和初始值设置，其说明如表 5-3 所示。

表 5-3　项目各项控件说明

控件名称	命名	说明
ComboBox	portNameComboBox	设置串口名称，如 Com1、Com2、Com3
ComboBox	baudRateComboBox	设置串口波特率，如 9600、19200、115200
ComboBox	dataBitsComboBox	设置串口数据位，如 6、7、8
ComboBox	parityComboBox	设置串口有无校验，如奇、偶校验
ComboBox	stopBitsComboBox	设置串口停止位，如 1、1.5
PushButton	openMyComBtn	打开串口按钮
PushButton	closeMyComBtn	关闭串口按钮
PushButton	btnFan	控制风扇打开或者关闭按钮
PushButton	btnLed1	控制灯光一打开或者关闭按钮
PushButton	btnLed2	控制灯光二打开或者关闭按钮
TextEdit	txtTemp	显示温度信息文本框
TextEdit	txtHum	显示湿度信息文本框
Label	labelLed1	LED 灯一状态包括开和关
Label	labelLed2	LED 灯二状态包括开和关
Label	labelFan	风扇的停止与运行状态

5.6.2　ZigBee 采集控制系统窗体界面功能实现

1．定义和使用类对象

前面 5.5.2 节就 Windows 平台下的串口通信做了较为详细的介绍，这里从编程实现串口通信的角度进行详细讲解。在 mywidget.h 文件中，首先添加 Windows 平台下的第三方头文件 win_qextserialport.h，并定义相应的方法和变量，具体定义如程序清单 5.9 所示。

程序清单 5.9

```
win_qextserialport.h
#ifndef MYWIDGET_H
#define MYWIDGET_H
#include <QWidget>
#include "win_qextserialport.h"
namespace Ui {
    class MyWidget;
}
class MyWidget : public QWidget
{
    Q_OBJECT
public:
    explicit MyWidget(QWidget *parent = 0);
```

```
        ~MyWidget();
private slots:
        void on_openMyComBtn_clicked();              //打开串口
        void on_closeMyComBtn_clicked();             //关闭串口
        void on_btnFan_clicked();                    //打开或者关闭风扇
        void on_btnLed1_clicked();                   //打开或者关闭灯一
        void on_btnLed2_clicked();                   //打开或者关闭灯二
        void readMyCom();                            //从串口读取数据，分析处理
private:
        Ui::MyWidget *ui;
        Win_QextSerialPort *myCom;                   //定义一个串口对象
        bool isOpen;                                 //用于记录串口状态（包括串口是否打开或者串口关闭）
};
#endif                                               // MYWIDGET_H
```

mywidget.cpp 文件中方法的结构如程序清单 5.10 所示。

程序清单 5.10

```
MyWidget::MyWidget(QWidget *parent) :                //构造方法
    QWidget(parent),
    ui(new Ui::MyWidget)
{
    ui->setupUi(this);
}
MyWidget::~MyWidget()                                //析构方法
{
    delete ui;
}
void MyWidget::on_openMyComBtn_clicked()            //打开串口方法
{
}
void MyWidget::on_closeMyComBtn_clicked()           //关闭串口方法
{
}
void MyWidget::on_btnLed1_clicked()                 //打开或关闭照明灯一
{
}
void MyWidget::on_btnLed2_clicked()                 //打开或关闭照明灯二
{
}
void MyWidget::on_btnFan_clicked()                  //打开或关闭风扇
{
}
void MyWidget::readMyCom()                          //当串口缓冲区有数据时，进行读串口操作
{
}
```

2. 方法说明

（1）MyWidget 构造方法。当实例化 MyWidget 类对象时，执行 MyWidget 构造方法，在构造方法中，使关闭串口按钮、风扇控制按钮以及两盏照明灯按钮不可用。具体代码实现如程

序清单 5.11 所示。

程序清单 5.11

```
MyWidget::MyWidget(QWidget *parent) :
    QWidget(parent),
    ui(new Ui::MyWidget)
{
    ui->setupUi(this);
    ui->closeMyComBtn->setEnabled(false);        //关闭串口按钮不可用
    ui->btnFan->setEnabled(false);               //风扇控制按钮不可用
    ui->btnLed1->setEnabled(false);              //照明灯一按钮不可用
    ui->btnLed2->setEnabled(false);              //照明灯二按钮不可用
}
```

（2）打开串口方法。单击打开串口按钮时，执行打开串口方法。首先通过主界面窗体上的下拉列表框，选择串口名称 Com3，构建串口对象，打开串口，设置波特率为 115200，设置无奇偶校验，设置数据位为 8 位，停止位为 1 位，最后通过 connect 函数建立信号和槽函数关联，使得当串口缓冲区有数据时，进行 readMyCom()读串口操作。具体代码实现如程序清单 5.12 所示。

程序清单 5.12

```
void MyWidget::on_openMyComBtn_clicked()
{
    QString portName = ui->portNameComboBox->currentText();      //获取串口名
    myCom = new Win_QextSerialPort(portName,QextSerialBase::EventDriven);
    //定义串口对象，并传递参数，在构造函数里对其进行初始化
    isOpen=myCom ->open(QIODevice::ReadWrite);                   //打开串口
    if(ui->baudRateComboBox->currentText()==tr("9600"))          //根据组合框内容对串口进行设置
    myCom->setBaudRate(BAUD9600);
    else if(ui->baudRateComboBox->currentText()==tr("115200"))
    myCom->setBaudRate(BAUD115200);
    if(ui->dataBitsComboBox->currentText()==tr("8"))
    myCom->setDataBits(DATA_8);
    else if(ui->dataBitsComboBox->currentText()==tr("7"))
    myCom->setDataBits(DATA_7);
    if(ui->parityComboBox->currentText()==tr("无"))
    myCom->setParity(PAR_NONE);
    else if(ui->parityComboBox->currentText()==tr("奇"))
    myCom->setParity(PAR_ODD);
    else if(ui->parityComboBox->currentText()==tr("偶"))
    myCom->setParity(PAR_EVEN);
    if(ui->stopBitsComboBox->currentText()==tr("1"))
    myCom->setStopBits(STOP_1);
    else if(ui->stopBitsComboBox->currentText()==tr("2"))
    myCom->setStopBits(STOP_2);
    myCom->setFlowControl(FLOW_OFF);
    myCom->setTimeout(500);
    connect(myCom,SIGNAL(readyRead()),this,SLOT(readMyCom()));
    //信号和槽函数关联，当串口缓冲区有数据时，进行读串口操作
```

```
        ui->openMyComBtn->setEnabled(false);           //打开串口后"打开串口"按钮不可用
        ui->closeMyComBtn->setEnabled(true);           //打开串口后"关闭串口"按钮可用
        ui->btnFan->setEnabled(true);                  //风扇控制按钮可用
        ui->btnLed1->setEnabled(true);                 //照明灯一按钮可用
        ui->btnLed2->setEnabled(true);                 //照明灯二按钮可用
        ui->baudRateComboBox->setEnabled(false);       //设置各个组合框不可用
        ui->dataBitsComboBox->setEnabled(false);
        ui->parityComboBox->setEnabled(false);
        ui->stopBitsComboBox->setEnabled(false);
        ui->portNameComboBox->setEnabled(false);
}
```

（3）关闭串口方法。单击关闭串口按钮时，执行关闭串口方法。在该方法中首先将打开的串口对象进行关闭操作，然后将打开串口按钮变成可用状态，串口名称、波特率、奇偶校验、数据位以及停止位的下拉列表框变成可用状态。其他如照明灯、风扇等按钮变成不可用状态。具体代码实现如程序清单 5.13 所示。

程序清单 5.13

```
void MyWidget::on_closeMyComBtn_clicked()
{
        myCom->close();
        ui->openMyComBtn->setEnabled(true);            //关闭串口后"打开串口"按钮可用
        ui->closeMyComBtn->setEnabled(false);          //关闭串口后"关闭串口"按钮不可用
        ui->sendMsgBtn->setEnabled(false);             //关闭串口后"发送数据"按钮不可用
        ui->baudRateComboBox->setEnabled(true);        //设置各个组合框可用
        ui->dataBitsComboBox->setEnabled(true);
        ui->parityComboBox->setEnabled(true);
        ui->stopBitsComboBox->setEnabled(true);
        ui->portNameComboBox->setEnabled(true);
        ui->btnFan->setEnabled(false);
        ui->btnLed1->setEnabled(false);
        ui->btnLed2->setEnabled(false);
}
```

（4）照明灯一控制方法。单击 btnLed1 按钮时，执行照明灯一控制方法的打开或者关闭。首先判断串口是否打开，如果打开串口，再执行灯的开启或者关闭操作。如果要开启照明灯一，则向串口发送字符串"217"，成功之后显示灯的开启状态图片，如果要关闭照明灯一，那么再一次向串口发送字符串"217"一次，则显示灯的关闭状态图片。对于照明灯二的控制方法和照明灯一的控制方法一样，只是发送的字符串为"227"，这里就不再赘述。具体代码实现如程序清单 5.14 所示。

程序清单 5.14

```
void MyWidget::on_btnLed1_clicked()
{
        static bool isLED1_on = false;
        char a[]="217";
        if(myCom->isOpen())
        {
            if(!isLED1_on)
```

```
            {
                myCom->write(a);
                ui->btnLed1->setIcon(QPixmap(":image/images/ledOn.png"));
                ui->labelLed1->setText(QObject::tr("LED 灯一开"));
                isLED1_on = true;
            }
            else
            {
                myCom->write(a);
                ui->btnLed1->setIcon(QPixmap(":/image/images/ledOff.png"));
                ui->labelLed1->setText(QObject::tr("LED 灯一关"));
                isLED1_on = false;
            }
        }
    }
```

（5）风扇控制方法。单击 btnFan 按钮时，执行风扇控制方法的打开或者关闭。首先判断串口是否打开，如果打开串口，再执行风扇的开启或者关闭操作。如果要开启风扇，则向串口发送字符串"267"，成功之后显示风扇的运行状态图片，如果要关闭风扇，那么再一次向串口发送字符串"267"一次，则显示风扇的停止状态图片。具体代码实现如程序清单 5.15 所示。

程序清单 5.15

```
void MyWidget::on_btnFan_clicked()
{
        static bool isFan_on = false;
        char a[]="267";
        if(myCom->isOpen())
        {
                if(!isFan_on)
                {
                    myCom->write(a);
                    ui->btnFan->setIcon(QPixmap(":image/images/backward.png"));
                    ui->labelFan->setText(QObject::tr("风扇运行"));
                    isFan_on = true;
                }
                else
                {
                    myCom->write(a);
                    ui->btnFan->setIcon(QPixmap(":/image/images/stop.png"));
                    ui->labelFan->setText(QObject::tr("风扇运行"));
                    isFan_on = false;
                }
        }
}
```

（6）读串口数据方法。当串口缓冲区有数据时，进行 readMyCom()读串口操作。从串口读出数据之后，首先判断数据是否为空，当不为空时，再判断字符串是否以"0101"开始，如果成立，则取 0101 的后面两位字符，它们是温度数据。然后判断"0102"字符串是否存在，如果成立，则取 0102 的后面两位字符，它们是湿度数据。具体代码实现如程序清单 5.16 所示。

程序清单 5.16

```
void MyWidget::readMyCom()
{
    myCom->flush();
    QByteArray temp = myCom->readAll();
    //调用 readAll()函数，读取串口中所有数据，在上面可以看到其返回值是 QByteArray 类型
    QString str;
    str=QString(temp);
    if(!str.isEmpty())
    {
        if(str.startsWith("0101"))              //代表温度数据
        {
            ui->txtTemp->setText(str.mid((str.indexOf("0101")+4),2));
        }
        if(str.indexOf("0102")>=0)           //代表湿度数据
        {
            ui->txtHum->setText(str.mid((str.indexOf("0102")+4),2));
        }
    }
}
```

ZigBee 采集控制系统运行界面如图 5-47 所示。

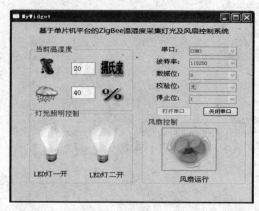

图 5-47　程序运行界面

本章小结

　　本章从前端温湿度节点数据的采集、ZigBee 网络的单播传输，到后端协调器数据的接收和控制、Qt 上位机交互界面的搭建，向读者展示了一个完整的基于 ZigBee 的温湿度采集、灯光及风扇控制系统的设计实现方法。在接下来的章节中，都将按照这样的流程进行无线传感网络控制系统的开发，希望读者能够深入理解并在相关的硬件设备上动手实践，以便能够快速掌握无线传感网络的开发技能。

第 6 章　基于 ZigBee 的光照采集、窗帘控制系统

本章学习目标

经过前一章无线温湿度传感网络的搭建，相信读者对 ZigBee 网络控制系统的实际应用有了更深刻的了解，在接下来的章节中将继续讲解 ZigBee 无线传感网络在日常家居生活中的应用实现原理和设计方法，本章将介绍通过光照 ZigBee 节点采集光线强度，控制窗帘动作的应用系统实现。通过本章的学习，具体要求读者掌握以下目标：

- 了解光敏传感器的基本原理及硬件设计方法
- 掌握光敏传感器的驱动设计方法
- 了解步进电机的基本原理及硬件设计方法
- 掌握步进电机的驱动设计方法
- 掌握光敏传感网络的搭建及窗帘控制系统的程序设计方法
- 掌握 ZigBee 光照采集、窗帘控制系统 Qt 人机界面的实现方法

6.1　系统基本原理及硬件设计

本系统中需要两个终端节点，一个为光敏传感器节点，另一个为步进电机控制节点。具体要求用户可以通过 Qt 人机界面设定手动和联动的方式控制窗帘的开和关，当设定为联动模式时，一旦光敏节点检测到光线低于阈值，则协调器发送关闭窗帘命令给步进电机终端节点，通过步进电机反转模拟关闭。反之，当光线高于阈值，则协调器发送打开窗帘命令给步进电机终端节点，通过步进电机正转模拟打开；当设定为手动模式时，则通过 Qt 界面上的打开和关闭按钮控制步进电机的正转和反转。

6.1.1　光敏传感器简介

光敏电阻常用的制作材料为硫化镉，另外还有硒、硫化铝、硫化铅和硫化铋等材料。这些制作材料具有在特定波长的光照射下，其阻值迅速减小的特性。这是由于光照产生的载流子都参与导电，在外加电场的作用下作漂移运动，电子奔向电源的正极，空穴奔向电源的负极，从而使光敏电阻器的阻值迅速下降。

光敏电阻器是利用半导体的光电导效应制成的一种电阻值随入射光的强弱而改变的电阻器，又称为光电导探测器；入射光强，电阻减小，入射光弱，电阻增大。还有另一种为入射光

弱，电阻减小，入射光强，电阻增大。本系统设计中使用第一种光敏电阻器。

光敏电阻器一般用于光的测量、光的控制和光电转换（将光的变化转换为电的变化）。常用的光敏电阻器为硫化镉光敏电阻器，它是由半导体材料制成的。光敏电阻器对光的敏感性（即光谱特性）与人眼对可见光（0.4~0.76μm）的响应很接近，只要人眼可感受的光，都会引起它的阻值变化。设计光控电路时，都用白炽灯泡（小电珠）光线或自然光线作控制光源，使设计大为简化。

通常，光敏电阻器都制成薄片结构，以便吸收更多的光能。当它受到光的照射时，半导体片（光敏层）内就激发出电子—空穴对，参与导电，使电路中的电流增强。为了获得高灵敏度，光敏电阻的电极常采用梳状图案，如图 6-1 所示。它是在一定的掩膜下向光电导薄膜上蒸镀金或铟等金属形成的。一般光敏电阻器外形如图 6-2 所示。

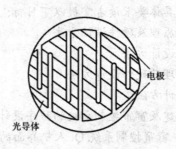

图 6-1　电极图案

图 6-2　光敏电阻器外形

1. 分类、参数及特性

根据光敏电阻的光谱特性，可分为三种光敏电阻器：紫外光敏电阻器、红外光敏电阻器、可见光光敏电阻器。

光敏电阻的主要参数及特性包括以下几点：

（1）光电流、亮电阻：光敏电阻器在一定的外加电压下，当有光照射时，流过的电流称为光电流，外加电压与光电流之比称为亮电阻，常用"100LX"表示。

（2）暗电流、暗电阻：光敏电阻在一定的外加电压下，当没有光照射时，流过的电流称为暗电流。外加电压与暗电流之比称为暗电阻，常用"0LX"表示。

（3）灵敏度：灵敏度是指光敏电阻不受光照射时的电阻值（暗电阻）与受光照射时的电阻值（亮电阻）的相对变化值。

（4）光谱响应：光谱响应又称光谱灵敏度，是指光敏电阻在不同波长的单色光照射下的灵敏度。若将不同波长下的灵敏度画成曲线，就可以得到光谱响应的曲线。

（5）光照特性：光照特性指光敏电阻输出的电信号随光照度而变化的特性。从光敏电阻的光照特性曲线可以看出，随着光照强度的增加，光敏电阻的阻值开始迅速下降。若进一步增大光照强度，则电阻值变化减小，然后逐渐趋向平缓。在大多数情况下，该特性为非线性。

（6）伏安特性曲线：伏安特性曲线用来描述光敏电阻的外加电压与光电流的关系，对于光敏器件来说，其光电流随外加电压的增大而增大。

（7）温度系数：光敏电阻的光电效应受温度影响较大，部分光敏电阻在低温下的光电灵敏较高，而在高温下的灵敏度则较低。

（8）额定功率：额定功率是指光敏电阻用于某种线路中所允许消耗的功率，当温度升高时，其消耗的功率就降低。

2．工作原理

光敏电阻的工作原理是基于内光电效应。在半导体光敏材料两端装上电极引线，将其封装在带有透明窗的管壳里就构成光敏电阻。光敏电阻没有极性，纯粹是一个电阻器件，使用时既可加直流电压，也可加交流电压。当光敏电阻受到一定波长范围的光照时，光子能量将激发其产生电子-空穴对，增强了导电性能。在光敏电阻两端的金属电极上加电压，其中便有电流通过，电流会随光强的增大而变大，从而实现光电转换，如图 6-3 所示，半导体的导电能力取决于半导体导带内载流子数目的多少。入射光消失后，由光子激发产生的电子-空穴对将复合，光敏电阻的阻值也就恢复原值。

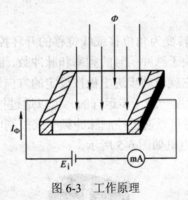

图 6-3　工作原理

6.1.2　光敏传感器驱动电路设计

光敏传感器的电路原理如图 6-4 所示，其中 LS 是光敏电阻，利用光敏电阻的特性，在非强光照射条件下，LS 的电阻值会变大，P2.0 口保持高电平状态，同时 NPN 三极管导通，LED

指示灯被点亮（代表没有光）；在受到强光照射以后，光敏电阻的阻值会迅速变小，P2.0 口变为低电平，NPN 三极管截止，LED 指示灯熄灭（代表有光）。此外，光敏电阻在打开时有一个自定义的阈值，这个阈值是可调的，主要依靠调节光敏电阻上方的可调电阻 R1 来调节阈值。

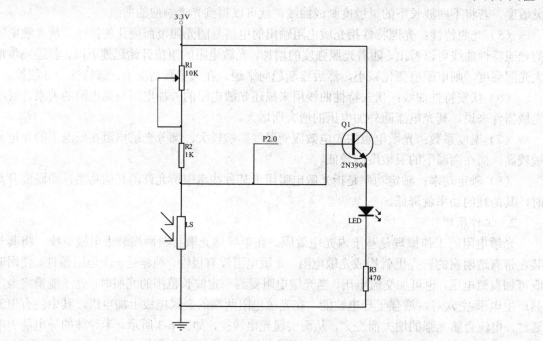

图 6-4　光敏传感器驱动电路

6.1.3　步进电机简介

　　步进电机是将电脉冲信号转变为角位移或线位移的开环控制元件。在非超载的情况下，电机的转速、停止的位置只取决于脉冲信号的频率和脉冲数，而不受负载变化的影响，当步进驱动器接收到一个脉冲信号，它就驱动步进电机按设定的方向转动一个固定的角度，称为"步距角"，它的旋转是以固定的角度一步一步运行的。可以通过控制脉冲个数来控制角位移量，从而达到准确定位的目的；同时可以通过控制脉冲频率来控制电机转动的速度和加速度，从而达到调速的目的。常见的步进电机如图 6-5 所示。

图 6-5　步进电机外形

1. 工作原理

通常电机的转子为永磁体，当电流流过定子绕组时，定子绕组产生一矢量磁场。该磁场会带动转子旋转一角度，使得转子的一对磁场方向与定子的磁场方向一致。当定子的矢量磁场旋转一个角度。转子也随着该磁场转一个角度。每输入一个电脉冲，电动机转动一个角度前进一步。它输出的角位移与输入的脉冲数成正比、转速与脉冲频率成正比。改变绕组通电的顺序，电机就会反转。所以可用控制脉冲数量、频率及电动机各相绕组的通电顺序来控制步进电机的转动。即步进电机能直接接收数字量的控制，所以非常适合用单片机进行控制。

2. 控制方法

步进电机的具体控制方法如下：

（1）通过控制脉冲个数来控制角位移量，从而达到准确定位的目的。

步进电机与直流电机不同，它的转速是可以一次性准确控制的。我们采用的步进电机，步距角为 0.9/1.8 度。在 4 相 8 拍的工作方式下，每步的转角为 0.9 度。因此，步进电机每转一圈，就走了 400 步。

改变"设置移动距离"，电机每转一圈，则移动的直线距离为：$S_1 = 2*PI*R$（即周长）；即可算出电机每一步移动的距离是：$S_2 = S_1/400 = PI*R/200$；如果要移动距离 S，则需要的步数为：

$$m = \frac{S}{S_2} = \frac{200*S}{PI*R}$$

对于既定的半径值来说，步数只与移动的距离成正比。

（2）通过控制脉冲频率来控制电机转动的速度和加速度，从而达到调速的目的。

如果给定步进电机一个控制脉冲，它就转一步，再发一个控制脉冲，它就会再转一步。两个脉冲的间隔时间越短，步进电机就转得越快。因此，脉冲的频率决定了步进电机的转速。调整单片机发出脉冲的频率，就可以对步进电机进行调速。调整单片机输出的步进脉冲频率的方法：

1）软件延时方法。改变延时的时间长度就可以改变输出脉冲的频率，但这种方法使 CPU 长时间等待，无法进行其他工作，在单独进行步进电机的演示时可以采用。

2）定时器中断方法。在中断服务子程序中进行脉冲输出操作，调整定时器的定时常数就可以实现调速。这种方法占用 CPU 时间较少，是一种比较实用的调速方法。

用单片机对步进电机进行速度控制，实际上就是控制每次换相的时间间隔。升速时，使脉冲频率逐渐升高，降速时则相反。

（3）通过改变脉冲的顺序改变步进电机的转动方向。

如图 6-6 所示，四相反应式步进电机主要由定子和转子组成，在定子上均匀分布有 8 个磁极、磁极和磁极之间的夹角是 45 度，每个磁极上均绕有线圈，每两个相对绕组组成一相，共组成 ABCD 四相。步进电机转子上没有绕线圈，如图中只有 6 个齿，转子齿与齿之间的夹角（齿距角）为 60 度。

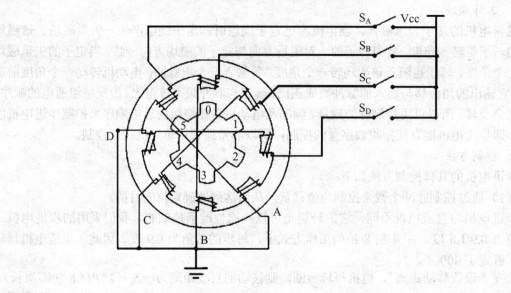

图 6-6　四相反应式步进电机结构原理图

当依次接通 S_A、S_B、S_C、S_D 开关，A、B、C、D 四相依次得电，即使得线圈的通电顺序依次为 A-B-C-D，来一个脉冲电信号就是一拍或一步，这种通电方式称为四相四拍通电方式，拍数通常等于相数或相数的整数倍。

在四相四拍方式下，当 A 相通电，B、C、D 相不通电时，由于磁场作用，齿 1 与 A 对齐。紧接着 B 相通电，A、C、D 相不通电时，齿 2 应与 B 对齐，以此类推。

四相步进电机的主要工作方式如下：

1）四相四拍工作方式：电机控制绕组 A、B、C、D 相的正转通电顺序为 A→B→C→D→A；反转的通电顺序为：A→D→C→B→A。

2）4 相 8 拍工作方式：正转绕组的通电顺序为 A→AB→B→BC→C→CD→D→DA→A；反转绕组的通电顺序为 A→DA→D→DC→C→CB→B→BA→A。

3）双 4 拍的工作方式：正转绕组通电顺序为 AB→BC→CD→DA；反转绕组通电顺序为 AD→CD→BC→AB。

对于本控制系统设计中所使用的窗帘步进电机，若要使之在 4 相 8 拍的工作方式下正转，则应依次给 CC2530 单片机 P1 口送 0x01→0x03→0x02→0x06→0x04→0x0C→0x08→0x09→0x01，反转则依次送 0x01→0x09→0x08→0x0C→0x04→0x06→0x02→0x03→0x01。

步进电机作为一种控制用的特种电机，由于其没有积累误差（精度为 100%）的特点，广泛应用于各种开环控制。

现在比较常用的步进电机有反应式步进电机（VR）、永磁式步进电机（PM）、混合式步进电机（HB）和单相式步进电机等。

6.1.4　步进电机控制接口电路

步进电机的控制接口电路如图 6-7 所示。硬件由 CC2530 单片机、ULN2003、步进电机组成。单片机产生驱动信号，经过 ULN2003 放大输出到步进电机。ULN2003 是一大电流驱动器，为达林顿管阵列电路，可输出 500mA 电流，同时起到电路隔离的作用，各输出端与 COM 间有反相二极管，为断电后的电机绕组提供一个放电回路，起放电保护作用。

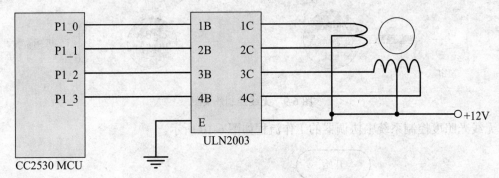

图 6-7　步进电机控制接口电路

6.2　ZigBee 协调器程序功能实现

协调器建立 ZigBee 无线网络，两个终端节点自动加入到该网络中，然后光敏终端节点周期性地采集光线亮度数据，并将其发送给协调器，协调器收到这一数据后，通过串口将其输出到上位机 Qt 界面上，上位机判断目前的光线情况后，发送相关的开关窗帘指令给步进电机节点。

无线光照采集和 PC 机无线控制窗帘的实现效果如图 6-8 和图 6-9 所示。

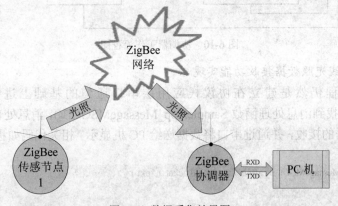

图 6-8　数据采集效果图

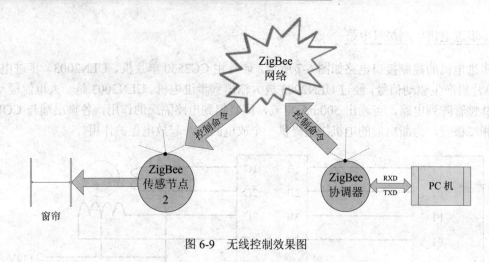

图 6-9　无线控制效果图

无线光照度控制系统中协调器的工作流程如图 6-10 所示。

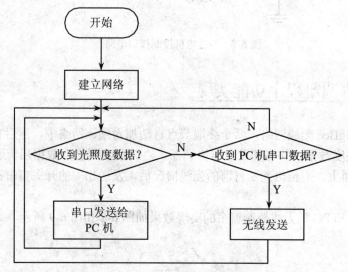

图 6-10　协调器工作流程图

1. 协调器无线光照数据接收功能实现

协调器的编程仍然是建立在协议栈应用层串口通信的基础上进行的修改，打开 SampleApp.c 文件找到消息处理函数 SampleApp_MessageMSGCB()，消息处理函数的功能仍然是实现对光照数据的接收，并通过串口将数据送给 PC 机显示。相关代码如程序清单 6.1 所示。

程序清单 6.1

```
void SampleApp_MessageMSGCB( afIncomingMSGPacket_t *pkt )
{
  uint8 i,len;
  uint16 flashTime;
```

```
switch ( pkt->clusterId )
{
    case    SAMPLEAPP_PERIODIC_CLUSTERID:
    if(pkt->cmd.Data[0])
        HalUARTWrite(0,"333333\n",7);        //光线较弱
    else
        HalUARTWrite(0,"444444\n",7);        //光线较强
    break;
}
}
```

SampleApp_MessageMSGCB()函数对接收到的一位数据进行判断，若该位数据为 1，则往上位机串口发送数据 "333333"，代表没有光线或光照较弱；否则，就往上位机串口发送数据 "444444"，代表达到了一定的光照。

2. 协调器接收 PC 机控制命令功能实现

协调器在不断接收光照数据时，还必须能够同时接收 PC 机的控制命令，并能够将命令发给终端节点，从而实现 PC 机无线控制窗帘步进电机节点的功能。本部分内容仍然涉及 ZigBee 串口无线透传的功能，在第五章中已做详细介绍，这里不再重复。

6.3   ZigBee 终端节点程序功能实现

在本系统中包括了两个终端节点，光敏终端节点作为数据采集节点不断地发送光照数据给协调器。而步进电机节点作为执行机构实时侦听协调器发送来的命令，两个终端节点加入网络后各司其职，互不干扰。

6.3.1   ZigBee 光敏终端节点程序功能实现

ZigBee 光敏终端节点开发板如图 6-11 所示。对于光敏终端节点而言，需要周期性地采集光照数据，采集到的光照数据可以通过读取光敏传感器得到。无线光照控制系统中光敏终端节点的工作流程如图 6-12 所示。

图 6-11   光敏终端节点开发板

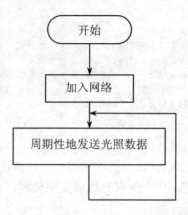

图 6-12　光照终端节点工作流程图

光敏传感器的驱动程序较为简单，只需对相应的开关量进行判断，所以可以直接将程序写入周期性发送函数 SampleApp_SendPeriodicMessage() 中，而定时器事件的处理与上一项目一致，SampleApp_SendPeriodicMessage() 函数具体代码如程序清单 6.2 所示。

程序清单 6.2

```
void SampleApp_SendPeriodicMessage ( void )
{
  uint8   L;
  /***** P2.0 口初始化******/
  P2SEL &= ～0x01;    //设置 P2.0 为普通 IO 口
  P2DIR &= ～0x01;    //P2.0 口设置为输入模式
  P2INP &= ～0x01;    //打开 P2.0 上拉电阻
  if(P2_0==1)         //通过 P2.0 口的状态判断光线强弱
  {
    L=1;             //光线较弱
  }
  else
  {
    L=0;             //光线较强
  }
  afAddrType_t    SampleApp_ Unicast _DstAddr;
  SampleApp_ Unicast _DstAddr .addrMode=(afAddrMode_t)Addr16bit;
  SampleApp_ Unicast _DstAddr.endPoint = SAMPLEAPP_ENDPOINT;
  SampleApp_ Unicast _DstAddr.addr.shortAddr = 0x0000;
if ( AF_DataRequest( & SampleApp_ Unicast _DstAddr,
                &SampleApp_epDesc,
                SAMPLEAPP_PERIODIC_CLUSTERID,
                1,
                &L,
                &SampleApp_TransID,
                AF_DISCV_ROUTE, AF_DEFAULT_RADIUS ) == afStatus_SUCCESS )
                { }
else
```

```
    {
        // Error occurred in request to send
    }

}
```

在上述数据周期性发送函数中，发送光照数据到协调器，调用数据无线发送函数 AF_DataRequest()，在该函数的参数中确定了发送的目的地址是协调器地址 0x0000，发送模式是单播，发送的数据存放在变量 L 中，数据长度是 1。

6.3.2   ZigBee 步进电机终端节点程序功能实现

步进电机终端节点接收协调器发送过来的控制命令，并判断命令含义，从而控制步进电机的正反转来模拟窗帘的开和关，无线光照控制系统中步进电机终端节点的工作流程如图 6-13 所示。

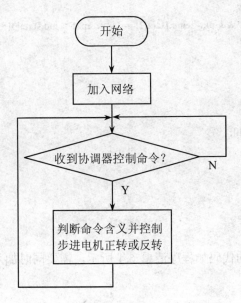

图 6-13   步进电机终端节点工作流程图

步进电机终端节点的协议栈程序同样需要用户在消息处理函数 SampleApp_MessageMSGCB() 中进行修改，具体代码如程序清单 6.3 所示。

程序清单 6.3

```
void SampleApp_MessageMSGCB( afIncomingMSGPacket_t *pkt )
{
    uint8 i,len;
    uint16 flashTime,j;
    unsigned char   F_Rotation[8]={0x09,0x08,0x0c,0x04,0x06,0x02,0x03,0x01};    //正转表格
    unsigned char   B_Rotation[8]={0x01,0x03,0x02,0x06,0x04,0x0c,0x08,0x09};    //反转表格
```

```
switch ( pkt->clusterId )
{
    case    SAMPLEAPP_SERIAL_CLUSTERID:       //如果是串口透传信息
    //收到297命令电机正转
    if(pkt->cmd.Data[1]=='2' && pkt->cmd.Data[2] =='9' &&pkt->cmd.Data[3]== '7')
        {
                for(j=0;j<600;j++)       //决定电机所转圈数
        {
            for(i=0;i<8;i++)            //8 相
            {
            P1DIR |=0x0F;            //P1 口低四位输出
            P1=F_Rotation[i];           //输出对应的相，正转
            Delay1(1500);               //改变这个参数可以调整电机转速
        }
        }
            }
    //收到2A7命令电机反转
    if(pkt->cmd.Data[1]=='2' && pkt->cmd.Data[2] =='A' &&pkt->cmd.Data[3]== '7')
        {
            for(j=0;j<600;j++)
        {
            for(i=0;i<8;i++)
            {
            P1DIR |=0x0F;
            P1= B_Rotation[i];
            Delay1(1500);
            }
        }
        }
            break;
        }
}
```

其中，Delay1()函数的代码如程序清单6.4所示，需要同时加入到协议栈中，并做函数的声明，如图6-14所示。

程序清单6.4

```
void Delay1(unsigned int k)     //延时
{
 while(--k);
}
```

```
152  * LOCAL FUNCTIONS */
153 void SampleApp_HandleKeys( uint8 shift, uint8 keys );
154 void SampleApp_MessageMSGCB( afIncomingMSGPacket_t *pckt );
155 void SampleApp_SendPeriodicMessage( void );
156
157 void Delay1(unsigned int k);//延时
158
```

图6-14 延时函数声明

步进电机终端节点消息处理函数通过判断 pkt->cmd.Data[] 中串口透传数据的含义来决定电机的正反转。如果接收到的是"297"字符，则调用电机正转数组，从而使电机以四相八拍方式正转；如果接收到的是"2A7"字符，则调用电机反转数组，使电机以四相八拍方式反转；通过调节 delay1()函数和 for 循环参数分别可以控制电机的转速和圈数，读者可以自行进行修改并观察电机的变化。

6.4 下载和调试通信程序

选择不同的设备对象，将协议栈程序分别下载到 ZigBee 协调器开发板、光敏终端节点开发板和步进电机终端节点开发板中，打开串口调试助手，波特率设为 115200，开启协调器和两个终端节点电源，当组网成功后，在串口调试助手上可以看到采集到的光照数据，当光照低于阈值时，显示"333333"字符，如图 6-15 所示。当光照高于阈值时，显示"444444"字符，如图 6-16 所示。当步进电机节点收到协调器发送的"297"或"2A7"命令后，可以看到步进电机正转或反转。

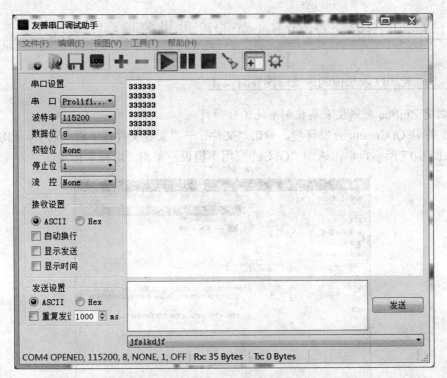

图 6-15 光照低于阈值时串口打印 333333 字符

图 6-16　光照高于阈值时串口打印 444444 字符

6.5　PC 端 Qt 图形交互 ZigBee 光照度采集控制系统实现

6.5.1　ZigBee 光照度采集控制系统窗体界面设计

1. 创建 ZigBee 光照度采集控制系统工程项目

（1）打开 Qt Creator 开发环境，单击"文件"→"新建文件或工程"选项，出现"新建"对话框如图 6-17 所示，单击选中"Qt Gui 应用"模板，单击"选择"按钮。

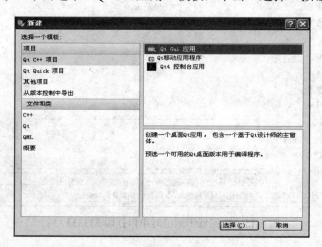

图 6-17　"新建"对话框

（2）在出现如图 6-18 所示的工程中，名称输入：LightZigbeeControlApp，单击"下一步"按钮。

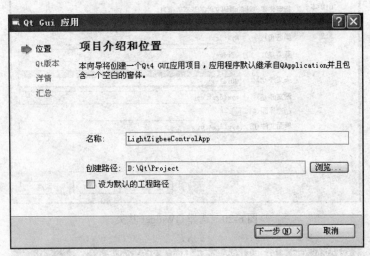

图 6-18　项目名称输入对话框

（3）在如图 6-19 所示的 Qt 版本选择对话框中，选择 Qt4.7.4 版本，单击"下一步"按钮。

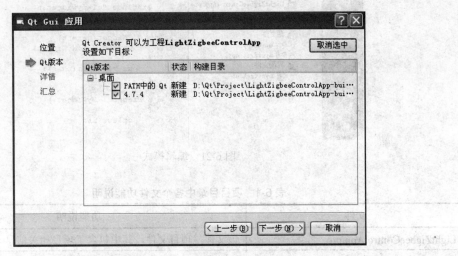

图 6-19　选择 Qt 版本

（4）在如图 6-20 所示的类信息对话框中，基类选择 QWidget，类名为 MyWidget，单击"下一步"按钮，工程构建完成。

（5）ZigBee 采集控制系统工程项目创建完成之后，直接进入编辑模式，如图 6-21 所示，打开项目目录，可以看到 ZigbeeControlApp 文件夹，这个文件夹包 6 个文件，各个文件功能说明如表 6-1 所示。

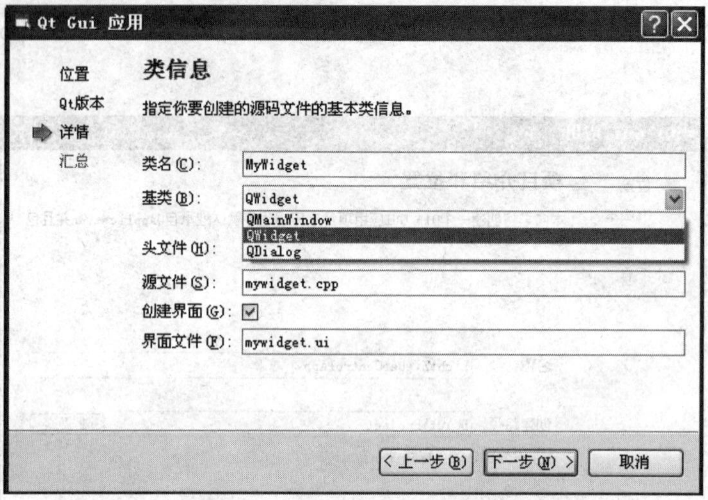

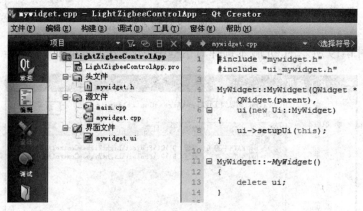

图 6-20　选择 QWidget 基类

图 6-21　编辑模式

表 6-1　项目目录中各个文件功能说明

文件	功能说明
LightZigbeeControlApp.pro	该文件是项目文件，其中包含了项目相关信息
LightZigbeeControlApp.pro.user	该文件中包含了与用户有关的项目信息
mywidget.h	该文件是新建的 MyWidget 类的头文件
mywidget.cpp	该文件是新建的 MyWidget 类的源文件
main.cpp	该文件中包含了 main()主函数
mywidget.ui	该文件是设计师设计的界面对应的界面文件

2. 添加第三方串口类文件

在 Windows 系统下需要将 qextserialbase.cpp 和 qextserialbase.h 以及 win_qextserialport.cpp 和 win_qextserialport.h 这四个文件导入到 ZigbeeControlApp 工程文件夹中。

（1）将四个文件复制添加到 LightZigbeeControlApp 工程文件夹中，如图 6-22 所示。

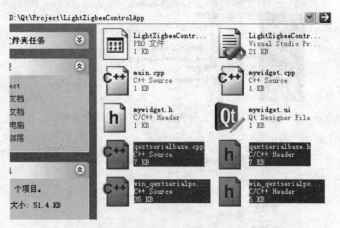

图 6-22　添加文件到 ZigbeeControlApp 工程文件夹

（2）右击 LightZigbeeControlApp 工程，选择添加现有文件，如图 6-23 所示。选择前面刚刚复制到 LightZigbeeControlApp 工程文件夹项目中的四个文件。

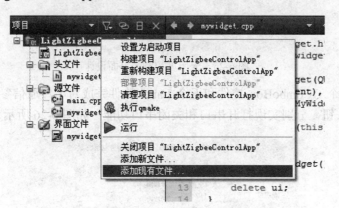

图 6-23　选择添加现有文件选项

（3）添加完成之后，可以看到 LightZigbeeControlApp 工程文件夹项目中已添加完成的四个文件，如图 6-24 所示。

3. 窗体界面设计

（1）在设计界面区中，从工具栏选择 GroupBox 控件，拖入到界面中，双击控件之后，输入"光照度控制区"文本，添加四个 Label 控件，分别输入"光照度""设置光照度"文本、"LUX"和"LUX"。添加一个 TextEdit 控件和 SpinBox 控件，如图 6-25 所示。

图 6-24　工程文件夹中添加完成的四个文件

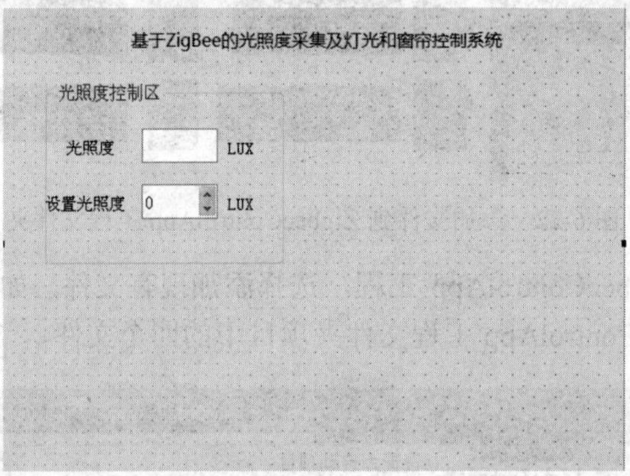

图 6-25　光照度控制区界面设计

（2）添加五个 QComboBox 控件和五个 Label 控件完成对串口通信参数的设置，添加两个 QPushButton 按钮，分别实现打开串口和关闭串口功能，如图 6-26 所示。

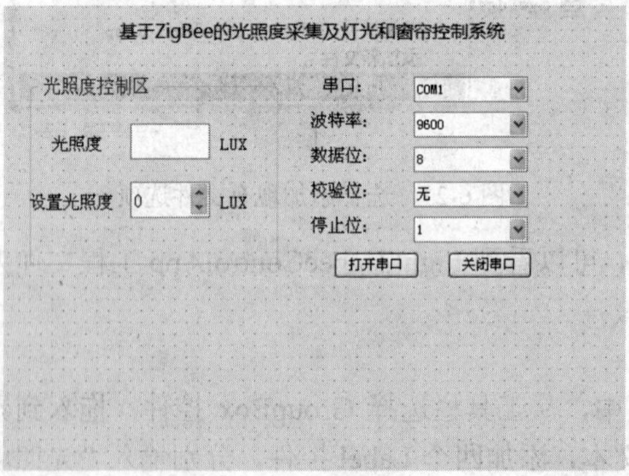

图 6-26　串口参数界面设计

（3）在设计界面区中，从工具栏选择 GroupBox 控件，拖入到界面中，双击控件之后，输入"模式选择"文本，添加两个 RadioButton 控件，分别输入"手动模式"和"联动模式"文本，如图 6-27 所示。

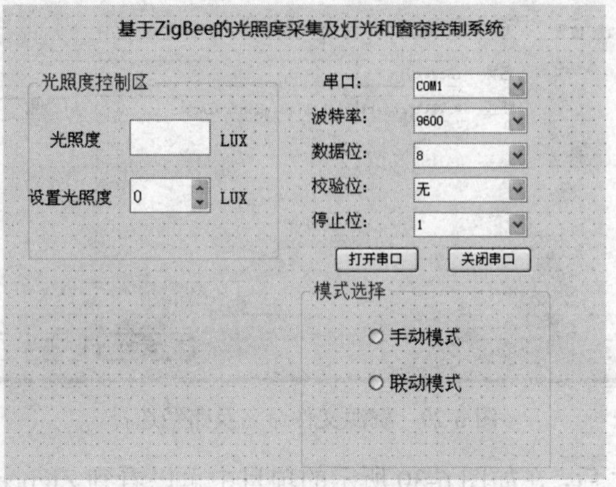

图 6-27　模式选择界面设计

（4）添加资源文件。

在上面界面设计中，还有灯光及窗帘控制区需要通过添加图片完成设计效果，Qt 提供了添加资源文件的方法来添加图片资源，具体操作如下：

1）单击"文件"→"新建文件或工程"选项，弹出的"新建"对话框如图 6-28 所示，在左侧的文件和类中选择 Qt 选项，右侧选择"Qt 资源文件"选项，单击"选择"按钮。

图 6-28　ZigbeeControlApp 工程创建资源文件

2）将资源文件命名为 images，并将路径设置为 ZigbeeControlApp 工程项目所在的路径，如图 6-29 所示。

图 6-29　资源文件命名及路径选择

3）完成上述操作之后，在如图 6-30 所示的项目中可以看到 ZigbeeControlApp 工程中增加了一个名为 images.qrc 资源文件。

图 6-30　工程项目中添加资源文件

（5）在 LightZigbeeControlApp 工程项目中添加 images 文件夹，将如图 6-31 所示的图片添加进去。

（6）打开 images.qrc 资源文件，单击"添加"按钮，选择"添加前缀"命令，在前缀栏中输入"/"，如图 6-32 所示。

（7）添加了前缀之后，就可以往资源文件中添加资源文件了，依然选择单击"添加"→"添加文件"选项。这里选择工程项目中 images 文件夹下的四个图片文件，添加完成之后，显示如图 6-33 所示的图片资源。

图 6-31　添加项目图片

图 6-32　添加资源前缀

图 6-33　图片资源添加完成

（8）打开 mywidget.ui 文件，在设计界面区中，从工具栏选择 GroupBox 控件，拖入到界面中，双击控件之后，输入"灯光和窗帘控制区"文本，添加两个 Label 控件，选择一个 Label 控件，在属性栏中选择如图 6-34 所示的 pixmap 属性。

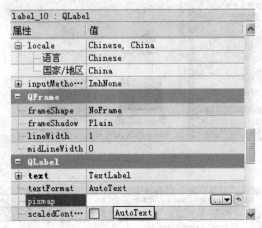

图 6-34　pixmap 属性设置

（9）在图 6-35 所示的"选择资源"对话框中选择 ledOff.png 资源文件，单击"确定"按钮。

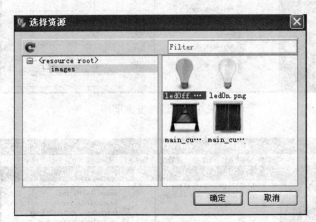

图 6-35　"选择资源"对话框

（10）勾选 scaleContents 属性栏中的复选框，这样显示的内容将保持同比例放大或缩小，如图 6-36 所示。

（11）选择另一个 Label 控件，在属性栏中选择 pixmap 属性，出现如图 6-37 所示的"选择资源"对话框，这里选择 main_curtainon.png 资源文件，单击"确定"按钮。

（12）勾选 scaleContents 属性栏中的复选框，这样显示的内容将保持同比例放大或缩小，如图 6-38 所示。

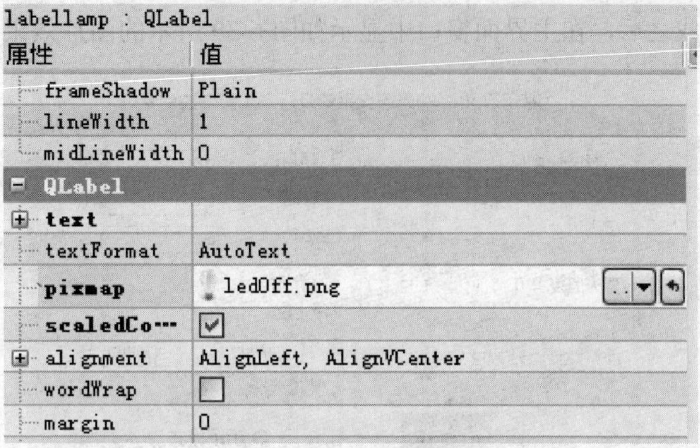

```
labellamp : QLabel
属性              值
  ⋯ frameShadow   Plain
  ⋯ lineWidth     1
  ⋯ midLineWidth  0
  QLabel
  ⊞ text
  ⋯ textFormat    AutoText
  ⋯ pixmap        ledOff.png
  ⋯ scaledCo⋯     ☑
  ⊞ alignment     AlignLeft, AlignVCenter
  ⋯ wordWrap      ☐
  ⋯ margin        0
```

图 6-36 设置 scaleContents 属性

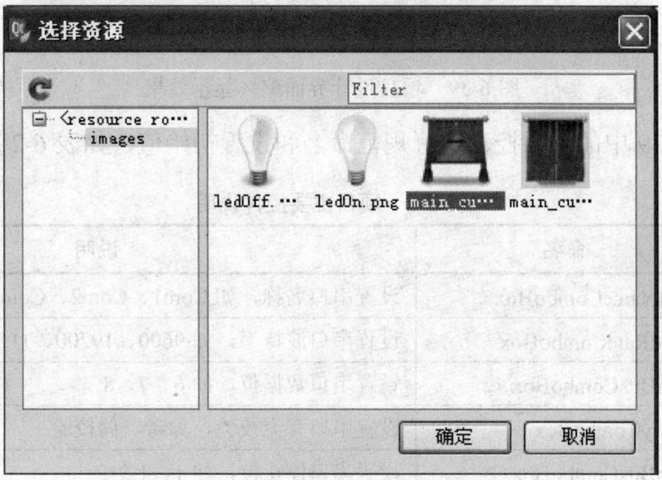

图 6-37 "选择资源" 对话框

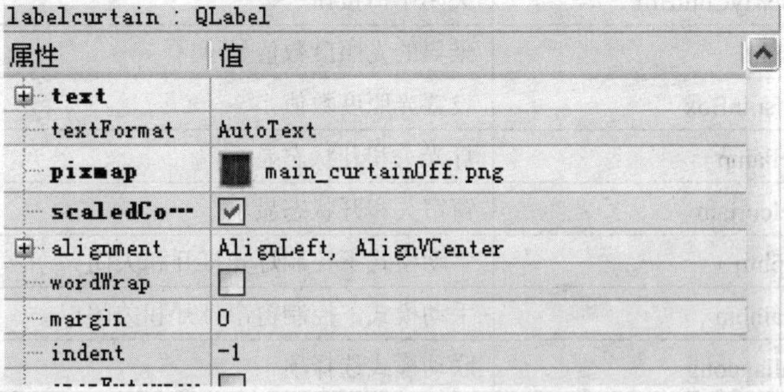

```
labelcurtain : QLabel
属性              值
  ⊞ text
  ⋯ textFormat    AutoText
  ⋯ pixmap        main_curtainOff.png
  ⋯ scaledCo⋯     ☑
  ⊞ alignment     AlignLeft, AlignVCenter
  ⋯ wordWrap      ☐
  ⋯ margin        0
  ⋯ indent        -1
```

图 6-38 设置 scaleContents 属性

（13）操作完成之后，在主界面窗口中显示如图 6-39 所示的图片效果。

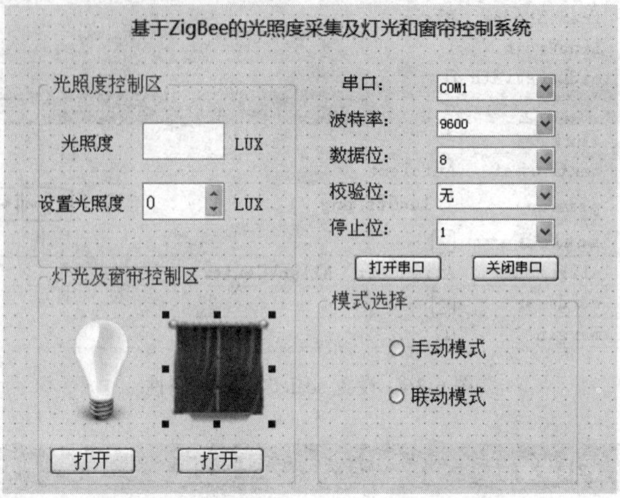

图 6-39　项目设计界面整体显示效果

（14）将图 6-39 中的主要控件进行规范命名和设置初始值，如表 6-2 所示。

表 6-2　项目主要控件说明

控件名称	命名	说明
ComboBox	portNameComboBox	设置串口名称，如 Com1、Com2、Com3
ComboBox	baudRateComboBox	设置串口波特率，如 9600、19200、115200
ComboBox	dataBitsComboBox	设置串口数据位，如 6、7、8
ComboBox	parityComboBox	设置串口有无校验，如奇、偶校验
ComboBox	stopBitsComboBox	设置串口停止位，如 1、1.5
PushButton	openMyComBtn	打开串口按钮
PushButton	closeMyComBtn	关闭串口按钮
TextEdit	txtlight	采集的光照度数值显示区
SpinBox	lightspinBox	设置光照度数值
label	labellamp	灯光关和开状态显示
label	labelcurtain	窗帘关和开状态显示
PushButton	lampbtn	手动模式下控制灯光打开和关闭
PushButton	curtainbtn	手动模式下控制窗帘打开和关闭
radioButton	rbtnliandong	联动模式选择项
radioButton	rbtnshoudong	手动模式选择项

6.5.2　ZigBee 光照度采集控制系统窗体界面功能实现

1．定义和使用类对象

前面 5.5.2 节就 Windows 平台下的串口通信做了较为详细的介绍，这里从编程实现串口通信的角度进行详细讲解。在 mywidget.h 文件中，首先添加 Windows 平台下的第三方头文件win_qextserialport.h，并定义相应的方法和变量，具体定义如程序清单 6.5 所示。

程序清单 6.5

```
#ifndef MYWIDGET_H
#define MYWIDGET_H
#include <QWidget>
#include "win_qextserialport.h"
namespace Ui {
    class MyWidget;
}
class MyWidget : public QWidget
{
    Q_OBJECT
public:
    explicit MyWidget(QWidget *parent = 0);
    ~MyWidget();
signals:
    void setlight(int light);              //自定义一个含有 int 参数的信号，传送光照度数值
private slots:
    void on_openMyComBtn_clicked();        //打开串口
    void on_closeMyComBtn_clicked();       //关闭串口
    void on_lampbtn_clicked();             //打开或者关闭灯光
    void on_curtainbtn_clicked();          //打开或者关闭窗帘
    void readMyCom();                      //从串口读取数据，分析处理
    void setlightSlot(int light);          //接收到光照度响应信号之后，分析处理
    void on_rbtnshoudong_clicked();        //手动模式选择
    void on_rbtnliandong_clicked();        //联动模式选择
private:
    Ui::MyWidget *ui;
    Win_QextSerialPort *myCom;             //定义一个串口对象
    bool isOpen;                           //用于标识串口状态（包括串口是否打开或者关闭）
    bool isLight_on;                       //用于标识窗帘状态（包括窗帘是否打开或者关闭）
    bool isLED_on;                         //用于标识灯光状态（包括灯光是否打开或者关闭）
};
#endif                                     //MYWIDGET_H2
```

2．Mywidget.cpp 文件中方法的框架结构

mywidget.cpp 文件中方法的结构如程序清单 6.6 所示。

程序清单 6.6

```
#include "mywidget.h"
#include "ui_mywidget.h"
MyWidget::MyWidget(QWidget *parent) :        //构造方法
    QWidget(parent),
    ui(new Ui::MyWidget)
{
    ui->setupUi(this);
}
MyWidget::~MyWidget()                         //析构方法
{
    delete ui;
}
void MyWidget::on_openMyComBtn_clicked()      //打开串口方法
{
}
void MyWidget::on_closeMyComBtn_clicked()     //关闭串口方法
{
}
void MyWidget::readMyCom()                    //当串口缓冲区有数据时，进行读串口操作
{
}
void    MyWidget::setlightSlot(int light)     //接收到光照度响应信号之后，分析处理
{
}
void MyWidget::on_lampbtn_clicked()           //手动模式下的灯光控制处理
{
}
void MyWidget::on_curtainbtn_clicked()        //手动模式下的窗帘控制处理
{
}
void MyWidget::on_rbtnshoudong_clicked()      //手动模式选项处理
{
}
void MyWidget::on_rbtnliandong_clicked()      //联动模式选项处理
{
}
```

3. 方法说明

（1）MyWidget 构造方法。当实例化 MyWidget 类对象时，执行 MyWidget 构造方法，在构造方法中，初始化各个状态变量，如窗帘和灯光初始化状态为关闭，另外建立光照度信号和光照度处理槽之间的关联。具体代码实现如程序清单 6.7 所示。

程序清单 6.7

```
MyWidget::MyWidget(QWidget *parent) :
    QWidget(parent),
    ui(new Ui::MyWidget)
```

```
{
    ui->setupUi(this);
    isLight_on=false;                                         //标识窗帘状态初始化关闭
    isLED_on=false;                                           //标识灯光状态初始化关闭
    ui->closeMyComBtn->setEnabled(false);                     // "关闭串口"按钮初始化为不可用
    connect(this,SIGNAL(setlight(int)),this,SLOT(setlightSlot(int)));  //构建光照度信号与光照度处理槽之间关联
    ui->rbtnshoudong->setChecked(true);                       //手动模式单选按钮初始化为选择
    ui->curtainbtn->setEnabled(false);                        //窗帘按钮初始化为不可用
    ui->lampbtn->setEnabled(false);                           //灯光按钮初始化为不可用
    isOpen=false;                                             //串口初始化状态为关闭
}
```

（2）打开串口方法。单击打开串口按钮时，执行打开串口方法。首先通过主界面窗体上的下拉列表框，选择串口名称为 Com3，构建串口对象，打开串口，设置波特率为 115200，设置无奇偶校验，设置数据位为 8 位，停止位为 1 位，最后通过 connect 函数建立信号和槽函数关联，使得当串口缓冲区有数据时，进行 readMyCom()读串口操作。具体代码实现如程序清单6.8 所示。

程序清单 6.8

```
void MyWidget::on_openMyComBtn_clicked()
{
    QString portName = ui->portNameComboBox->currentText();       //获取串口名
    myCom = new Win_QextSerialPort(portName,QextSerialBase::EventDriven);
    //定义串口对象，并传递参数，在构造函数里对其进行初始化
    isOpen=myCom ->open(QIODevice::ReadWrite);                    //打开串口
    if(ui->baudRateComboBox->currentText()==tr("9600"))           //根据组合框内容对串口进行设置
    myCom->setBaudRate(BAUD9600);
    else if(ui->baudRateComboBox->currentText()==tr("115200"))
    myCom->setBaudRate(BAUD115200);
    if(ui->dataBitsComboBox->currentText()==tr("8"))
    myCom->setDataBits(DATA_8);
    else if(ui->dataBitsComboBox->currentText()==tr("7"))
    myCom->setDataBits(DATA_7);
    if(ui->parityComboBox->currentText()==tr("无"))
    myCom->setParity(PAR_NONE);
    else if(ui->parityComboBox->currentText()==tr("奇"))
    myCom->setParity(PAR_ODD);
    else if(ui->parityComboBox->currentText()==tr("偶"))
    myCom->setParity(PAR_EVEN);
    if(ui->stopBitsComboBox->currentText()==tr("1"))
    myCom->setStopBits(STOP_1);
    else if(ui->stopBitsComboBox->currentText()==tr("2"))
    myCom->setStopBits(STOP_2);
    myCom->setFlowControl(FLOW_OFF);
    myCom->setTimeout(500);
    connect(myCom,SIGNAL(readyRead()),this,SLOT(readMyCom()));
    //信号和槽函数关联，当串口缓冲区有数据时，进行读串口操作
```

```
    ui->openMyComBtn->setEnabled(false);           //打开串口后"打开串口"按钮不可用
    ui->closeMyComBtn->setEnabled(true);           //打开串口后"关闭串口"按钮可用
    ui->baudRateComboBox->setEnabled(false);       //设置各个组合框不可用
    ui->dataBitsComboBox->setEnabled(false);
    ui->parityComboBox->setEnabled(false);
    ui->stopBitsComboBox->setEnabled(false);
    ui->portNameComboBox->setEnabled(false);
    if(ui->rbtnshoudong->isChecked()) //手动模式下窗帘和灯光按钮可用,否则处于联动模式下,窗帘和灯光按钮不可用
    {
        ui->curtainbtn->setEnabled(true);
        ui->lampbtn->setEnabled(true);
    }
    else
    {
        ui->curtainbtn->setEnabled(false);
        ui->lampbtn->setEnabled(false);
    }
}
```

（3）关闭串口方法。单击"关闭串口"按钮时，执行关闭串口方法。在该方法中首先将打开的串口对象进行关闭操作，然后将"打开串口"按钮变成可用状态，串口名称、波特率、奇偶校验、数据位以及停止位的下拉列表框变成可用状态。其他如控制灯光和窗帘打开和关闭的按钮变成不可用状态。具体代码实现如程序清单 6.9 所示。

程序清单 6.9

```
void MyWidget::on_closeMyComBtn_clicked()
{
    myCom->close();
    ui->openMyComBtn->setEnabled(true);            //关闭串口后"打开串口"按钮可用
    ui->closeMyComBtn->setEnabled(false);          //关闭串口后"关闭串口"按钮不可用
    ui->sendMsgBtn->setEnabled(false);             //关闭串口后"发送数据"按钮不可用
    ui->baudRateComboBox->setEnabled(true);        //设置各个组合框可用
    ui->dataBitsComboBox->setEnabled(true);
    ui->parityComboBox->setEnabled(true);
    ui->stopBitsComboBox->setEnabled(true);
    ui->portNameComboBox->setEnabled(true);
    ui->curtainbtn->setEnabled(false);
    ui->lampbtn->setEnabled(false);
    isOpen=false;
}
```

（4）读串口数据方法。当串口缓冲区有数据时，进行 readMyCom()读串口操作。从串口读出数据之后，首先判断数据是否为空，当不为空时，在判断字符串是否以"0103"开始，如果成立，则取 0103 的后面两位字符表示光照度数据，在界面的控件中显示出来，同时发出光照度信号，等待 setlightSlot(int)方法处理。具体代码实现如程序清单 6.10 所示。

程序清单 6.10

```
void MyWidget::readMyCom()
```

```
{
    myCom->flush();
    QByteArray temp = myCom->readAll();
    //调用 readAll()函数，读取串口中所有数据，在上面可以看到其返回值是 QByteArray 类型
    QString str;
    str=QString(temp);
    if(!str.isEmpty())
    {
        if(str.startsWith("0103"))
        {
            ui->txtlight->setText(str.mid((str.indexOf("0103")+4),2));
            emit    setlight(str.mid((str.indexOf("0103")+4),2).toInt());
        }
    }
}
```

（5）setlightSlot 方法。setlight 信号一旦发出之后，setlightSlot 槽接收到光照度响应信号并进行分析处理。首先判断收到的光照度数值是否大于设定的初值，如果小于设定的光照度值，则通过串口向 ZigBee 协调器发出"297"指令，执行打开灯光和窗帘操作。如果大于设定的光照度值，则通过串口向 ZigBee 协调器发出"2A7"指令，执行关闭灯光和窗帘操作。具体代码实现如程序清单 6.11 所示。

程序清单 6.11

```
void    MyWidget::setlightSlot(int light)
{
    int    lightvalue=ui->lightspinBox->value();
    if(ui->rbtnshoudong->isChecked()==true)
        {
            if(light>lightvalue)    //采集的光照度数值与设定值进行判断
            {
                if((isLight_on==true)&&myCom->isOpen()&&(isLED_on==true))    //关闭灯光和窗帘操作
                    {
                        char a[]="2A7";
                        myCom->write(a);
                        ui->labelcurtain->setPixmap(QPixmap(":/images/main_curtainoff.png"));
                        ui->labellamp->setPixmap(QPixmap(":/images/ledOff.png"));
                        isLight_on=false;
                        isLED_on=false;
                    }
            }
            else
            {
                if((isLight_on==false)&&myCom->isOpen()&&(isLED_on==false))    //打开灯光和窗帘操作
                {
                    char a[]="297";
                    myCom->write(a);
                    ui->labelcurtain->setPixmap(QPixmap(":/images/main_curtain.png"));
```

```
            ui->labellamp->setPixmap(QPixmap(":/images/ledOn.png"));
            isLight_on = true;
            isLED_on=true;
        }
    }
  }
}
```

（6）手动模式选项处理方法。当用户单击"手动模式"单选按钮之后，串口打开的情况下窗帘按钮和灯光按钮可用，否则不可用。具体代码实现如程序清单 6.12 所示。

程序清单 6.12

```
void MyWidget::on_rbtnshoudong_clicked()
{
    if(isOpen)
    {
    ui->curtainbtn->setEnabled(true);
    ui->lampbtn->setEnabled(true);
}
    else
    {
        ui->curtainbtn->setEnabled(false);
        ui->lampbtn->setEnabled(false);
    }
}
```

（7）联动模式选项处理方法。当用户单击"联动模式"单选按钮之后，窗帘按钮和灯光按钮不可用。具体代码实现如程序清单 6.13 所示。

程序清单 6.13

```
void MyWidget::on_rbtnliandong_clicked()
{
    ui->curtainbtn->setEnabled(false);
    ui->lampbtn->setEnabled(false);
}
```

（8）手动模式下灯光控制方法。单击 lampbtn 按钮时，执行灯光的打开或者关闭操作。首先判断串口是否打开，如果打开串口，再执行灯光的开启或者关闭操作。如果要开启灯光，则通过串口向 ZigBee 协调器发出"227"指令，成功之后显示灯光的开启状态图片，如果要关闭灯光，则再一次向串口发出"227"指令一次，则显示灯光的关闭状态图片。具体代码实现如程序清单 6.14 所示。

程序清单 6.14

```
void MyWidget::on_lampbtn_clicked()
{
    char a[]="227";
    if(myCom->isOpen())
    {
        if(!isLED_on)
```

```
        {
            myCom->write(a);
            ui->labellamp->setPixmap(QPixmap(":/images/ledOn.png"));
            ui->lampbtn->setText(tr("关闭"));
            isLED_on = true;
        }
        else
        {
            myCom->write(a);
            ui->labellamp->setPixmap(QPixmap(":/images/ledOff.png"));
            ui->lampbtn->setText(tr("打开"));
            isLED_on = false;
        }
    }
}
```

（9）手动模式下的窗帘控制方法。单击 curtainbtn 按钮时，执行窗帘控制方法的打开或者关闭操作。首先判断串口是否打开，如果打开串口，再执行窗帘的开启或者关闭操作。如果要开启窗帘，则通过串口向 ZigBee 协调器发出"297"指令，成功之后显示窗帘的开启状态图片，如果要关闭窗帘，则通过串口向 ZigBee 协调器发出"2A7"指令，成功之后显示窗帘关闭状态图片。具体代码实现如程序清单 6.15 所示。

程序清单 6.15

```
void MyWidget::on_curtainbtn_clicked()
{
    if(myCom->isOpen())
    {
        if(!isLight_on)
        {
            char a[]="297";
            myCom->write(a);
            ui->labelcurtain->setPixmap(QPixmap(":/images/main_curtain.png"));
            ui->curtainbtn->setText(tr("关闭"));
            isLight_on = true;
        }
        else
        {
            char a[]="2A7";
            myCom->write(a);
            ui->labelcurtain->setPixmap(QPixmap(":/images/main_curtainoff.png"));
            ui->curtainbtn->setText(tr("打开"));
            isLight_on = false;
        }
    }
}
```

ZigBee 光照度采集控制系统运行界面如图 6-40 所示。

图 6-40   程序运行界面

本章小结

　　本章主要讲解了光敏电阻传感器和步进电机的相关工作原理及软硬件的设计方法，并进一步介绍了协调器、光敏传感器节点和步进电机节点的协议栈核心驱动函数的编程实现方法，最后设计了控制系统 Qt 上位机界面，形成了一个完整的基于 ZigBee 光照采集的智能化窗帘控制系统。感兴趣的读者可以制作智能窗帘的模型进行实物演示。

第 7 章　基于 ZigBee 的烟雾、红外检测远程短信报警系统

本章学习目标

本章将在前面无线传感网络的搭建、采集和控制的基础上，引入短信的远程报警。本项目中通过气敏传感器节点和红外热释电传感器节点实时检测当前的烟雾数据、有毒气体情况和有无人员情况，并发送给协调器，协调器通过串口发送给 Qt 上位机，上位机通过 GPRS 模块将相关的报警信息远程发送到用户的手机上，同时气敏传感器节点或红外热释电传感器节点所控制的喇叭发出报警声音。通过本章的学习，具体要求读者掌握以下目标：

- 了解气敏传感器的基本原理及硬件设计方法
- 掌握气敏传感器的驱动设计方法
- 了解红外热释电传感器的工作原理
- 掌握 GPRS 模块发送短信的原理和方法
- 掌握多终端节点无线传感网络的搭建及短信报警系统的程序设计方法
- 掌握 ZigBee 的烟雾、红外检测远程短信报警系统 Qt 人机界面的实现方法

7.1　系统基本原理及硬件设计

本系统具体要求为用户通过 Qt 人机界面输入短信报警的号码后，协调器实时收集当前烟雾传感器节点和红外热释电传感器节点的数据，并通过串口发送给 Qt 上位机进行判断，当检测到有烟雾、有毒气体泄漏或有外人入侵时，上位机可及时启动并控制 GPRS 模块将相关的报警信息发送到指定的手机号码上。同时，由各节点上继电器控制的报警喇叭发出警报声音，从而能够提醒在外或在现场的用户注意。

7.1.1　气敏传感器简介

气敏传感器是一种检测特定气体的传感器。它主要包括半导体气敏传感器、接触燃烧式气敏传感器和电化学气敏传感器等，其中用得最多的是半导体气敏传感器。

气敏传感器的应用主要有：烟雾检测、一氧化碳气体的检测、瓦斯气体的检测、煤气的检测、氟利昂（R11、R12）的检测、呼气中乙醇的检测等。

它将气体种类及其与浓度有关的信息转换成电信号，根据这些电信号的强弱就可以获得与待测气体在环境中的存在情况有关的信息，从而可以进行检测、监控、报警；还可以通过接口电路与单片机组成自动检测、控制和报警系统。

本系统中所采用的 MQ-2 型气敏传感器所使用的气敏材料是在清洁空气中电导率较低的二氧化锡（SnO_2），如图 7-1 所示。当传感器所处环境中存在可燃气体时，传感器的电导率随空气中可燃气体浓度的增加而增大。使用简单的电路即可将电导率的变化转换为与该气体浓度相对应的输出信号。

图 7-1　MQ-2 型气敏传感器

此外，气敏元件工作时需要本身的温度比环境温度高许多。为此，气敏元件在结构上要有加热器，通常用电阻丝加热，如图 7-2 所示。

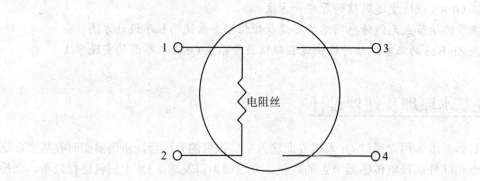

图 7-2　气敏元件两对电极（1、2 为加热电极，3、4 为气敏电阻的一对电极）

MQ-2 气敏传感器对液化气、丙烷、氢气的灵敏度高，对天然气和其他可燃蒸气的检测也很理想。这种传感器可检测多种可燃性气体，是一款适合多种应用的低成本传感器。

它的主要特点有：
- 在较宽的浓度范围内对可燃气体有良好的灵敏度。
- 对液化气、丙烷、氢气的灵敏度较高。
- 寿命长、低成本。
- 模拟量输出 0～5V 电压，浓度越高输出电压越高。
- 快速的响应恢复特性。
- 驱动电路较为简单。

它的主要应用领域包括：

- 家庭用气体泄漏报警器。
- 工业用可燃气体报警器。
- 便携式气体检测器。

7.1.2 气敏传感器驱动电路设计

气敏传感器驱动电路原理如图 7-3 所示，图中的 P2.0 脚是电路中需要关注的检测点，它的电平状态的变化决定了传感器状态的变化，当有烟雾发生时，此引脚是高电平，LED1 指示灯点亮；没有烟雾发生时为低电平，LED1 指示灯熄灭。烟雾传感器上电位器 R1 的主要作用是调节和控制气敏传感器的灵敏度，通过调节设置可以用于检测不同的气体和设置不同的报警阈值。

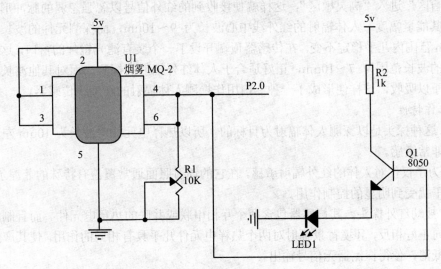

图 7-3 气敏传感器驱动电路

7.1.3 红外热释电传感器简介

红外热释电传感器如图 7-4 所示，它主要是由一种高热电系数的材料，如锆钛酸铅系陶瓷、钽酸锂、硫酸三甘钛等制成尺寸为 2mm*1mm 的探测元件。在每个探测器内装入一个或两个探测元件，并将两个探测元件以反极性串联，以抑制由于自身温度升高而产生的干扰。由探测元件将探测并接收到的红外辐射转变成微弱的电压信号，经装在探头内的场效应管放大后向外输出。为了提高探测器的探测灵敏度以增大探测距离，一般在探测器的前方装设一个菲涅尔透镜，该透镜用透明塑料制成，将透镜的上、下两部分各分成若干等份，制成一种具有特殊光学系统的透镜，它和放大电路相配合，可将信号放大 70dB 以上，这样就可以测出 10～20m 范围内人的行动。

图 7-4　红外热释电传感器

1. 工作原理

菲涅尔透镜利用透镜的特殊光学原理，在探测器前方产生一个交替变化的"盲区"和"高灵敏区"，以提高它的探测接收灵敏度。当有人从透镜前走过时，人体发出的红外线就不断地交替从"盲区"进入"高灵敏区"，这样就使接收到的红外信号以忽强忽弱的脉冲形式输入，从而增强其能量幅度。人体辐射的红外线中心波长为 9～10μm，而探测元件的波长灵敏度在 0.2～20μm 范围内几乎稳定不变。在传感器顶端开设了一个装有滤光镜片的窗口，这个滤光片可通过光的波长范围为 7～10μm，正好适合于人体红外辐射的探测，而对其他波长的红外线由滤光片予以吸收，这样便形成了一种专门用作探测人体辐射的红外线传感器。

2. 工作特性

（1）这种探头是以探测人体辐射为目标的。所以热释电元件对波长为 10μm 左右的红外辐射必须非常敏感。

（2）为了仅仅对人体的红外辐射敏感，在它的辐射照面通常覆盖有特殊的菲涅尔滤光片，使环境的干扰受到明显的控制作用。

（3）被动红外探头，其传感器包含两个互相串联或并联的热释电元件。而且制成的两个电极化方向正好相反，环境背景辐射对两个热释电元件几乎具有相同的作用，使其产生的释电效应相互抵消，使得探测器无信号输出。

（4）一旦人侵入探测区域内，人体红外辐射通过部分镜面聚焦，并被热释电元件接收，但是两片热释电元件接收到的热量不同，热释电也不同，不能抵消，经信号处理而报警。

（5）菲涅尔滤光片根据性能要求不同，具有不同的焦距（感应距离），从而产生不同的监控视场，视场越多，控制越严密。

7.1.4　红外热释电传感器模块连接电路

本系统采用的是 HC-SR501 型人体红外热释电感应模块，该模块采用德国原装进口的 LHI778 探头设计，灵敏度高，可靠性强，超低电压工作模式，广泛应用于各类自动感应电器设备，尤其是干电池供电的自动控制产品中。

红外热释电传感器模块接口电路如图 7-5 所示。该模块电路外围共有三个引脚，分别是电源 VCC、接地 GND 引脚和输出引脚，其中输出引脚输出的高电平为 3.3V，低电平为 0V，它与 CC2530 单片机的 P2.0 脚直接相连，当 P2.0 口检测到高电平时，说明当前有人进入；检测到低电平时，则没有人进入。

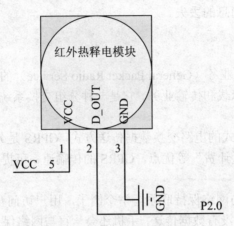

图 7-5　红外热释电传感器模块接口电路

7.2　GSM 与 GPRS

7.2.1　GSM

　　GSM 全名为 Global System for Mobile Communications，中文为全球移动通讯系统，简称"全球通"，是一种起源于欧洲的移动通信技术标准，是第二代移动通信技术，其开发目的是让全球各地可以共同使用一个移动电话网络标准，让用户使用一部手机就能行遍全球。

　　目前我国主要的两大 GSM 系统为 GSM900 及 GSM1800，由于采用了不同频率，因此适用的手机也不尽相同。不过目前大多数手机基本是双频手机，可以自由地在这两个频段间切换。欧洲国家普遍采用的系统除 GSM900 和 GSM1800 外，还加入了 GSM1900，手机为三频手机。在我国随着手机市场的进一步发展，现已出现了三频手机，即可在 GSM900、GSM1800、GSM1900 三种频段自由切换的手机，真正做到了一部手机可以畅游全世界。

　　GSM 通信传输采用的是一种电路交换系统，数据速率一般为 9.6kbps。只能使用短信形式传送数据，无法做到"实时在线""按量计费"。用户发出的短消息首先被发送到短信息中心的服务器中，然后短信中心的服务器对所收到的短消息进行排队处理，按顺序再发送给相应的接收用户终端，如果接收用户关机或超出服务区不能正常通信时，则该条短消息进行一定的延时后重新发送，这样有可能会造成后发的短消息先到的情况。此外短消息中心服务器为每一个用户开设的缓存区一般较为有限，约 15～25 条，当接收缓存区存满而接收用户还不能正常通信时，将不再接收新的短消息，即发生短消息堵塞，造成短消息丢失。短消息在短消息中心服务器中保留的时间也有一定的期限，一般为一天左右。为了保证监测站与中心管理机的数据交换，一定要使接收机与网络处于可靠的通信状态。GSM 手机的 GSM 模块所接收的短消息被保存在 SIM 卡中，普通 SIM 卡一般能存储 25 条短消息，因此，在使用过程中应及时删除已处理过的短消息，以免造成短消息的丢失。

7.2.2 GPRS

GPRS 是通用分组无线业务（General Packet Radio Service）的简称。它是在 GSM 系统基础上发展起来的分组数据承载和传输业务。它是一种分组交换系统，即以"分组"的形式把数据传送到用户手上。

相对原来 GSM 拨号方式的电路交换数据传送方式，GPRS 是分组交换技术，具有"高速"和"永远在线"以及"按量计费"等优点，GPRS 的传输速率可提升至 56kbps 甚至 114kbps。

1. 实时在线

实时在线指用户随时与网络保持联系。举个例子，用户访问互联网时，手机就在无线信道上发送和接收数据，就算没有数据传送，手机还会一直与网络保持连接，不但可以由用户发起数据传输，还可以从网络随时启动 push 类业务，不像普通拨号上网那样断线后必须重新拨号才能再次接入互联网。

2. 按量计费

对于电路交换模式的 GSM 系统，在整个连接期内，用户无论是否传送数据都将独自占有无线信道。对于分组交换模式的 GPRS，用户只有在发送或接收数据期间才占用资源。这意味着多个用户可高效率地共享同一无线信道，从而提高了资源的利用率。相应于分组交换的技术特点，GPRS 用户的计费以通信的数据流量为主要依据，体现了"得到多少、支付多少"的原则。没有数据流量传递时，用户即使挂在网上也是不收费的。

3. 快捷登录

GPRS 手机一开机就能够附着到 GPRS 网络上，即已经与 GPRS 网络建立联系，附着时间一般是 3～5s。每次使用 GPRS 数据业务时，需要一个激活的过程，一般是 1～3s，激活之后就已经完全接入了互联网。而固定拨号方式接入互联网需要拨号、验证用户姓名密码、登录服务器等过程，至少需要 8～10s 甚至更长的时间。

4. 高速传输

GPRS 采用分组交换技术，数据传输速率最高理论值能达 171.2kbps，此时已经完全可以支持像多媒体图像传输业务这样一些对带宽要求较高的应用业务。但 171.2kbps 的理论值是在采用 CS-4 编码方式且无线环境良好、信道充足的情况下实现的。实际数据传输速率要受网络编码方式、终端支持、无线环境等诸多因素影响。目前 GPRS 用户的接入速度还在 40kbps 以下，在使用数据加速系统后，速率可以提高到 60～80kbps 左右。

7.2.3 GPRS 模块

GPRS 模块是指带有 GPRS 功能的 GSM 模块。本章短信程序开发选用的是西门子 MC39i

GSM/GPRS 终端（短信猫），核心模块是 Siemens MC39i，有关技术参数可参考 SIEMENS MC39i 规格说明书。它设计小巧、功耗很低。接口为 RS232 接口，配件有天线、串口线、电源，该设备支持短信收发、语音、传真、GPRS 上网、数据传输，其外形如图 7-6 所示。

图 7-6 带有 GPRS 功能的 GSM 模块

7.3 短信编解码

7.3.1 AT 指令简介

GPRS 模块是通过 AT 指令（或命令）来控制的，AT 指令在当代手机通讯中起着重要的作用，手机内部包含的 GPRS 模块能够通过 AT 指令控制手机的许多行为，诸如实现呼叫、短信、电话本、数据业务、传真等方面的应用。AT 即 Attention，GPRS 模块与计算机之间的通信协议是一些 AT 指令集，AT 指令是从终端设备（Terminal Equipment，TE）或数据终端设备（Data Terminal Equipment，DTE）向终端适配器（Terminal Adapter，TA）或数据电路终端设备（Data Circuit Terminal Equipment，DCE）发送的。AT 指令是以 AT 字符串开始，加上后续一串字符指令的字符串，每个指令执行成功与否都有相应的返回。表 7-1 所示为常用短信的 AT 指令说明。

表 7-1 常用短信的 AT 指令说明

AT 指令	功能说明
AT	测试连接是否正确
AT+CSCS	获取、设置手机当前字符集，可设置为 GSM 或 UCS2
AT+CSCA	短信中心号码
AT+CMGL	列出指定状态的短信息 PDU 代码
AT+CMGR	列出指定序号的短信息 PDU 代码
AT+CMGS	发送短信
AT+CMGF	短信格式，分为 Text 模式和 PDU 模式

7.3.2 UCS2 短信编码

GPRS 模块通过向串口发送对应的 AT 命令来发送短信内容，但在发送之前需要对发送信息按照指定的信息格式进行编码之后才能正确发送到目标手机上，同样在查看接收到的短信内容之前，也需要按照指定的信息格式进行解码才行。

目前有三种编码方式来发送和接收 SMS 信息：Block Mode、Text Mode 和 PDU Mode。Block Mode 编码方式目前很少用了，Text Mode 是纯文本方式，可使用不同的字符集，从技术上说也可用于发送中文短消息，但国内手机基本上不支持，主要用于欧美地区。PDU Mode 被所有手机支持，可以使用任何字符集，这也是手机默认的编码方式。在 PDU 模式下可支持上述所有操作，即在 PDU 模式中，可以采用三种编码方式来对发送的内容进行编码，它们是 7-bit、8-bit 和 UCS2 编码，这里我们只介绍能被大多数手机所显示的 UCS2 编码的信息内容。

所谓 UCS2 编码就是将单个的字符按 ISO/IEC10646 的规定，转变为 Unicode 宽字符。即单个的字符转换为由四位的 0～9、A～F 数字或字母组成的字符串。这样待发送的消息以 UCS2 码的形式进行发送。当 UCS2 编码用 16-bit 编码时，最多 70 个字符，能被用来显示 Unicode（UCS2）文本信息，这样就可以被大多数的手机所显示。

例如：现在要向对方手机号 13712345678 发送"您好，Hello!"短信内容。在没有发送之前，应清楚手机 SIM 卡所在地的短信中心号，如本机所在地为福州，而福州的短信中心号码为 +861380591500。从上面的叙述中我们得到了下面的信息：

接收的手机号码：13712345678

短信中心号码：+8613800591500

短信内容：您好，Hello!

在实际使用中，上面这些信息并不为手机所执行，要进行编码后，手机才会执行命令。编码后的信息如下：

0891683108501905F011000D91683117325476F80008001260A8597D002C00480065006C00
6C006F0021

参照规范，分段含义解释说明如下：

08：指的是短信中心号的长度，也就是指 (91)+(683108501905F0) 的长度。

91：指的是短信息中心号码类型，91 是 TON/NPI，遵守 International/E.164 标准，683108501905F0 指在号码前需加"+"号。

683108501905F0：表示短消息中心地址为 8613800591500，补"F"凑成偶数个。

11：表示文件头字节。

00：表示信息类型。

0D：表示目标地址数字个数共 13 个十进制数（不包括 91 和 F）。

91：表示被叫号码类型。

683117325476F8：表示目标地址（TP-DA）为 8613712345678，补"F"凑成偶数个。

00：协议标识（TP-PID），是普通 GSM 类型。

08：表示 UCS2 编码，它采用前面说的 USC2（16 bit）数据编码。

00：表示有效期 TP-VP。

12：表示长度 TP-UDL（TP-User-Data-Length），也就是 60A8597D002C00480065006C006C006F0021 的长度（36 / 2 = 18，18 的十六进制表示为 12）。

60A8597D002C00480065006C006C006F0021：是短信内容，实际内容为"您好，Hello！"

从整个编码后的 PDU 串，我们可以将它分成三部分：

(08)+(91)+(683108501905F0)实际上就构成了整个短信的第一部分，通称短消息中心地址。

(11)+(00)+(0D)+(91)+(683117325476F8) 构成了整个短信的第二部分，包含目的地址。

(00)+(08)+(00)+(12)+(60A8597D002C00480065006C006C006F0021)构成第三部分，即短信内容。

7.3.3　UCS2 短信解码

接收 PDU 串和发送 PDU 串结构是不完全相同的。下面通过一个实例来分析，假定收到的短消息 PDU 串为：

0891683108501905F0040D91683117325476F800089090323225432306660A8597DFF01

参照规范，分段含义解释说明如下：

08：表示地址信息的长度共 8 个八位字节（包括 91）。

91：表示国际格式号码（在前面加"+"），此外还有其他数值，如 A1 代表国内格式，但 91 最常用。

683108501905F0：表示 SMSC 地址为 8613800591500，补"F"凑成偶数个。

04：表示基本参数接收，无更多消息，有回复地址。

0D：表示回复地址数字个数共 13 个十进制数（不包括 91 和 F）。

91：表示回复地址格式，国际格式。

683117325476F8：表示回复地址为 8613712345678，补"F"凑成偶数个。

00：协议标识，表示普通 GSM 类型。

08：表示用户信息编码方式为 UCS2 编码。

90903232254323：表示服务时间戳值为 2009-09-23 23:52:34。

06：表示用户信息长度（TP-UDL），实际长度为 6 个字节。

60A8597DFF01：表示用户发送的短信内容"您好！"。

通过 PDU 串的 UCS2 解码分析，可以获取如下有用的信息：

短信服务中心号码是：+ 8613800591500

发送方号码是：13712345678

发来的消息内容是："您好!"

发送时间是：2009-09-23 23:52:34。

7.3.4 通过超级终端进行 GPRS 通信测试

在进行短信收发系统项目开发之前，需要测试一下 GPRS 模块是否能正确发送 AT 指令和接受 AT 指令的响应数据包。我们可以先将 GPRS 模块通过串口线缆连接到 PC 机的串口上，然后将入网手机的 SIM 卡取下，装入 GPRS 模块卡槽中，最后让 GPRS 模块起电工作。

在测试 AT 指令之前，先打开超级终端程序，当出现如图 7-7 所示的对话框时，选择 PC 机实际存在的串口，这里选择 COM1，单击"确定"按钮。

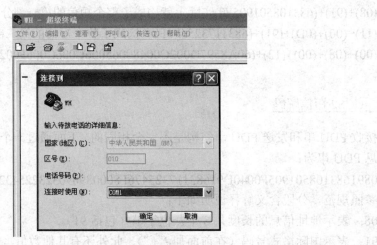

图 7-7 串口名称选择

当出现如图 7-8 所示的对话框时，选择"波特率"为 115200，"数据位"为 8，"奇偶校验"为"无"，"停止位"为 1，"数据流控制"为"硬件"，单击"确定"按钮，这时即完成了 AT 指令发送前的串口参数设置工作。

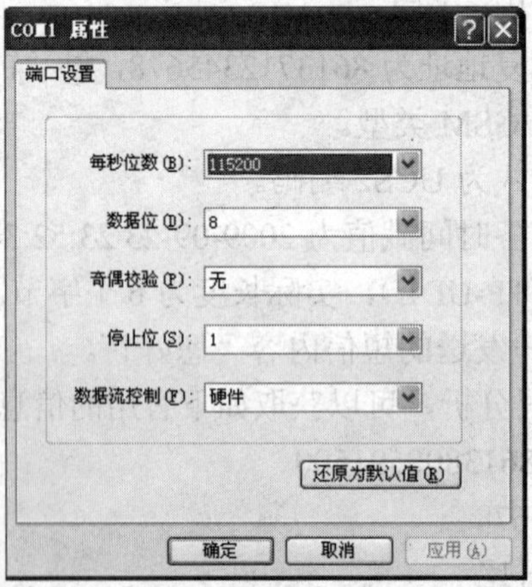

图 7-8 串口参数设置

1. 发送短信步骤

（1）测试 GPRS 模块及 PC 之间是否支持 AT 指令。

请在超级终端程序中输入：

AT<回车>

屏幕上返回 "OK"，表明计算机与 GPRS 模块连接正常，此时即可以进行其他的 AT 指令测试。

（2）设置短信发送格式。

输入如下语句：

AT+CMGF=0<回车>

屏幕上返回 "OK"，表明现在短信的发送方式为 PDU 方式，如果需要设置为 TEXT 方式，则输入：

AT+CMGF=1<回车>

（3）发送短信。

发送内容需经编码成 PDU 串后才能发送，得到要发送的数据如下：

0891683108501905F011000D91683117325476F80008001260A8597D002C00480065006C00
6C006F0021

以上 PDU 串编码并不一定适合读者所在地的编码，读者可以对照前面所讲的编码规则编写适合自己的 PDU 串进行发送。

然后可以用如下指令来发送：

AT+CMGS=33<回车>

如果返回 "＞"，就把上面的编码数据输入，并以 Ctrl+Z 组合键结尾，稍等一下，就可以看到返回了 "OK"，如图 7-9 所示。

图 7-9 超级终端 AT 指令发送短信及响应信息

2. 接收短信步骤

（1）测试 GPRS 模块及 PC 之间是否支持 AT 指令。

请在你的超级终端程序中输入：

AT<回车>

屏幕上返回 "OK"，表明计算机与 GPRS 模块连接正常，此时即可以进行其他的 AT 指令测试。

（2）设置短信发送格式。

输入如下语句：

AT+CMGF=0＜回车＞

屏幕上返回"OK"，表明现在短信的发送方式为 PDU 方式，如果需要设置为 TEXT 方式，则输入：

AT+CMGF=1＜回车＞

（3）接收短信。

输入如下语句：

AT+CMGL=4 ＜回车＞

4 表示接收所有消息，屏幕返回内容如下：

+CMGL: 3,1,,34

0891683108501905F0040D91683117325476F800089090323225432 30660A8597DFF01

如图 7-10 所示，其中部分数字意义说明如下：

3 表示短信的序号，即收到的第几条短信。

1 表示接收到的短信已读（如果是 0 则表示接收到的短信未读）。

26 表示收到的数据长度。

040D91683117325476F8000890903232254323 0660A8597DFF01 代表短信内容。

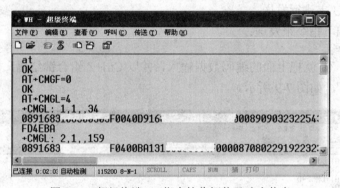

图 7-10 超级终端 AT 指令接收短信及响应信息

7.4 ZigBee 协调器程序功能实现

本系统中协调器建立网络后，气敏传感器节点和红外热释电传感器节点分别将采集到的数据发送给协调器，协调器需要接收两个终端节点发送的数据，并通过串口分别将这些数据发送给 Qt 上位机进行分析处理，然后决定是否要发送报警短信。

烟雾、红外检测远程短信报警系统的实现效果如图 7-11 所示。

烟雾、红外检测远程短信报警系统中协调器的工作流程如图 7-12 所示。

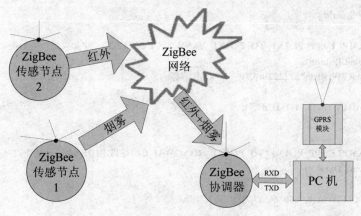

图 7-11　系统实现效果图

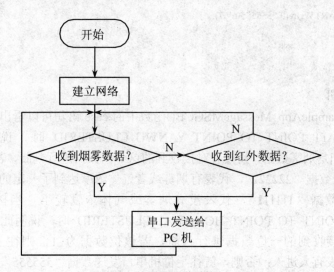

图 7-12　协调器工作流程

1. 协调器无线烟雾、红外数据接收功能实现

本系统中协调器需要同时接收两个加入网络的传感器节点的数据，为了区分不同节点发送过来的数据，需要对不同节点发送过来的传输编号 CLUSTERID（簇 ID）进行区分，打开 SampleApp.c 文件找到消息处理函数 SampleApp_MessageMSGCB()，相关代码如程序清单 7.1 所示。

程序清单 7.1

```
void SampleApp_MessageMSGCB( afIncomingMSGPacket_t *pkt )
{
    uint8 i,len;
    uint16 flashTime;
```

```
switch ( pkt->clusterId )
{
    case SAMPLEAPP_POINT_TO_POINT_YANWU_CLUSTERID:      //如果是烟雾数据
    if(pkt->cmd.Data[0])
        HalUARTWrite(0,"222222\n",7);          //有烟雾
    else
        HalUARTWrite(0,"111111\n",7);          //没烟雾
    break;

    case SAMPLEAPP_POINT_TO_POINT_HONGWAI_CLUSTERID:    //如果是红外数据
    if(pkt->cmd.Data[0])
    {
        HalUARTWrite(0,"666666\n",7);          //有人
    }
    else
    {
        HalUARTWrite(0,"555555\n",7);          //没人
    }
    break;
    }
}
```

2．分析说明

通过分析 SampleApp_MessageMSGCB()函数中的 case 语句可以看出，当接收到的传输编号是 SAMPLEAPP_POINT_TO_POINT_YANWU_CLUSTERID 时，说明当前接收的数据 pkt->cmd.Data[0]是烟雾数据，紧接着对接收到的这一位数据进行判断，若该位数据为 1，则往上位机串口发送数据"222222"，代表有烟雾或者气体浓度达到了一定的限值；否则，就往上位机串口发送数据"111111"，代表没有烟雾或气体浓度较小。当接收到的传输编号是 SAMPLEAPP_POINT_TO_POINT_HONGWAI_CLUSTERID 时，说明此时接收的数据是红外数据，仍然对接收到的一位数据进行判断，若该位数据为 1，则往上位机串口发送数据"666666"，代表有人进入；否则，就往上位机串口发送数据"555555"，代表没有人进入。

当然，在使用这两个 CLUSTERID 之前，需要预先进行定义，在 SAMPLEAPP.h 文件开始的宏定义中增加以下两行：

```
#define SAMPLEAPP_POINT_TO_POINT_YANWU_CLUSTERID   5      //定义烟雾传输编号为5
#define SAMPLEAPP_POINT_TO_POINT_HONGWAI_CLUSTERID  6     //定义红外传输编号为6
```

7.5　ZigBee 终端节点程序功能实现

前面已经介绍，本系统中同时有两个传感器终端节点向协调器周期性地发送采集到的数据，故需要对网络中传送的数据加以区分，即增加不同的识别标志。根据协调器部分的程序设计，读者也能想到在终端发送函数中同样需要加入不同的 CLUSTERID 来区别不同终端节点发送的数据，从而使得协调器在接收不同节点数据时互不影响。

7.5.1　ZigBee 气敏终端节点程序功能实现

　　ZigBee 气敏终端节点开发板如图 7-13 所示。对于气敏终端节点而言，需要周期性地采集烟雾及气体浓度数据，采集到的数据可以通过读取气敏传感器得到。为了获得更高的安全性和可靠性，烟雾及气体浓度数据将在终端节点本地先进行一次判断，判断的结果将决定继电器是否需要动作从而控制报警喇叭发出声音报警，本地数据分析结束后，再将烟雾数据无线发送给协调器，由上位机再次进行判断。无线气敏终端节点工作流程如图 7-14 所示。

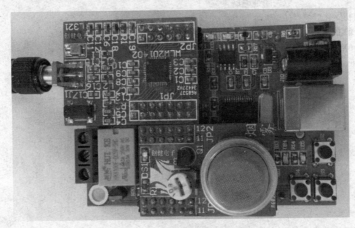

图 7-13　气敏终端节点开发板

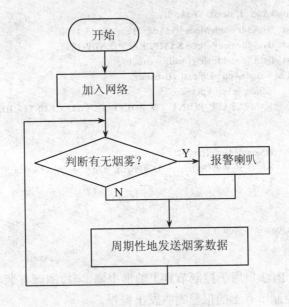

图 7-14　气敏终端节点工作流程

气敏传感器的驱动与光敏传感器类似，仍然是对相应的开关量进行判断，所以也可以直接将程序写入周期性发送函数 SampleApp_SendPeriodicMessage()中，而定时器事件的处理也与前面的项目一致，SampleApp_SendPeriodicMessage()函数的具体代码如程序清单 7.2 所示。

程序清单 7.2

```
void    SampleApp_SendPeriodicMessage() ( void )
{
    /******继电器 IO 口初始化******/
    P1DIR |= 0x08;              //P1_3 定义为输出
    P1_3 = 0;                   //关闭继电器
    /***** P2.0 口初始化******/
    P2SEL &= ～0X01;            //设置 P2.0 为普通 IO 口
    P2DIR &= ～0X01;            //P2.0 口设置为输入模式
    P2INP &= ～0x01;            //打开 P2.0 上拉电阻

    uint8 Y;
    if(P2_0==1)
    {
      Y=1;                      //有烟雾
      P1_3 = 1;                 //打开继电器
    }
    else
    {
      Y=0;                      //没有烟雾
      P1_3 = 0;                 //关闭继电器
    }
    afAddrType_t    SampleApp_ Unicast _DstAddr;
    SampleApp_ Unicast _DstAddr .addrMode=(afAddrMode_t)Addr16bit;
    SampleApp_ Unicast _DstAddr.endPoint = SAMPLEAPP_ENDPOINT;
    SampleApp_ Unicast _DstAddr.addr.shortAddr = 0x0000;
    if ( AF_DataRequest( & SampleApp_ Unicast _DstAddr,
                    &SampleApp_epDesc,
                    SAMPLEAPP_POINT_TO_POINT_YANWU_CLUSTERID,
                    1,
                    &Y,
                    &SampleApp_TransID,
                    AF_DISCV_ROUTE, AF_DEFAULT_RADIUS ) == afStatus_SUCCESS )
                    { }
    else
    {
      // Error occurred in request to send
    }
}
```

CC2530 单片机 P1.3 口用于控制节点上的继电器，当检测到有烟雾时，P1.3 口输出高电平，继电器吸合，用于控制节点上的报警喇叭发出警报。

在调用无线发送函数 AF_DataRequest()时，需要注意发送的编号和接收编号一致，这里也必须是 SAMPLEAPP_POINT_TO_POINT_YANWU_CLUSTERID，并在 SAMPLEAPP.h 文件中增加宏定义：#define SAMPLEAPP_POINT_TO_POINT_YANWU_CLUSTERID 5。

7.5.2　ZigBee 红外热释电终端节点程序功能实现

ZigBee 红外热释电终端节点开发板如图 7-15 所示。红外热释电传感器节点的驱动程序和工作流程与气敏传感器类似，只需要把发送函数 AF_DataRequest()中的传输编号换成 SAMPLEAPP_POINT_TO_POINT_HONGWAI_CLUSTERID，并同样在 SAMPLEAPP.h 文件中增加宏定义 #define SAMPLEAPP_POINT_TO_POINT_HONGWAI_CLUSTERID 6 即可，SampleApp_SendPeriodicMessage()函数的具体代码如程序清单 7.3 所示。

图 7-15　ZigBee 红外热释电终端节点开发板

程序清单 7.3

```
void SampleApp_SendPointToPointMessage( void )
{
        /*****继电器 IO 口初始化******/
    P1DIR |= 0x08;              //P1_3 定义为输出
    P1_3 = 0;                   //关闭继电器
    /***** P2.0 口初始化******/
    P2SEL &= ~0X01;            //设置 P2.0 为普通 IO 口
    P2DIR &= ~0X01;            //P2.0 口设置为输入模式
    P2INP &= ~0x01;            //打开 P2.0 上拉电阻
    uint8 R;
    if(P2_0==1)
      {
        R=1;                   //有人
        P1_3 = 1;              //打开继电器
      }
    else
      {
        R=0;                   //没人
        P1_3 = 0;              //关闭继电器
      }
```

```
afAddrType_t    SampleApp_ Unicast _DstAddr;
SampleApp_ Unicast _DstAddr .addrMode=(afAddrMode_t)Addr16bit;
SampleApp_ Unicast _DstAddr.endPoint = SAMPLEAPP_ENDPOINT;
SampleApp_ Unicast _DstAddr.addr.shortAddr = 0x0000;
if ( AF_DataRequest( & SampleApp_ Unicast _DstAddr,
                &SampleApp_epDesc,
                SAMPLEAPP_POINT_TO_POINT_HONGWAI_CLUSTERID,
                1,
                &R,
                &SampleApp_TransID,
                AF_DISCV_ROUTE, AF_DEFAULT_RADIUS ) == afStatus_SUCCESS )
                { }
else
{
// Error occurred in request to send
}

}
```

7.6   下载和调试通信程序

选择不同的设备对象，将协议栈程序分别下载到 ZigBee 协调器开发板、气敏终端节点开发板和红外热释电终端节点开发板中，打开串口调试助手，波特率设为 115200，开启协调器和两个终端节点电源，当组网成功后，在串口调试助手上可以同时看到协调器采集到的烟雾和红外数据，如图 7-16 所示。111111 字符表示目前没有检测到烟雾，666666 字符表示现在检测到有人入侵。

图 7-16   协调器串口打印两个终端节点的数据

7.7 PC 端 Qt 图形交互 ZigBee 安防监测短信报警控制系统实现

7.7.1 ZigBee 安防监测短信报警控制系统窗体界面设计

1. 创建 ZigBee 安防监测短信报警控制系统工程项目

（1）打开 Qt Creator 开发环境，单击"文件"→"新建文件或工程"选项，弹出的"新建"对话框如图 7-17 所示，单击选中"Qt Gui 应用"模板，单击"选择"按钮。

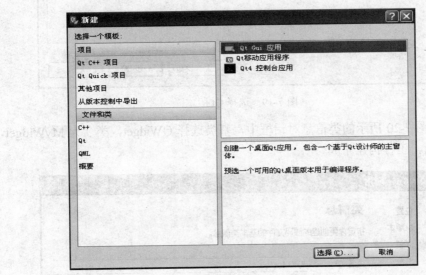

图 7-17 "新建"对话框

（2）在出现的图 7-18 所示工程中，名称输入：AnfangZigbeeControlApp，单击"下一步"按钮。

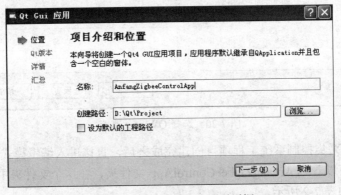

图 7-18 项目介绍和位置对话框

（3）在如图 7-19 所示的 Qt 版本选择对话框中选择 Qt4.7.4 版本，单击"下一步"按钮。

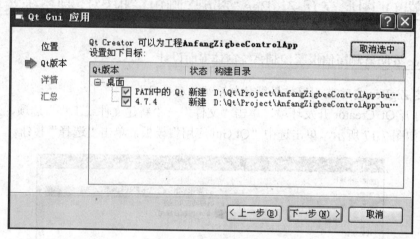

图 7-19　选择 Qt 版本

（4）在如图 7-20 所示的类信息对话框中，基类选择 QWidget，类名为 MyWidget，单击"下一步"按钮，工程构建完成。

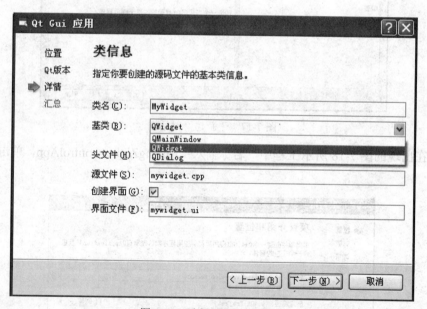

图 7-20　选择 QWidget 基类

（5）ZigBee 采集控制系统工程项目创建完成之后，直接进入编辑模式，如图 7-21 所示，打开项目目录，可以看到 AnfangZigbeeControlApp 文件夹，在这个文件夹中包括了 6 个文件，各文件功能说明如表 7-2 所示。

```
编辑(E)  构建(B)  调试(D)  工具(T)  窗体(W)  帮助(H)

项目          ▼ ⊽ 占 🗖 ✕  ◆ ▶  mywidget.cpp          ▼ 〈选择符号〉

□ 🗔 AnfangZigbeeControlApp       1   #include "mywidget.h"
  └ 🖿 AnfangZigbeeControlApp.pro  2   #include "ui_mywidget.h"
  □ 🗀 头文件                       3
    └ h mywidget.h                 4   MyWidget::MyWidget(QWidget *parer
  □ 🗀 源文件                       5       QWidget(parent),
    ├ 🗎 main.cpp                   6       ui(new Ui::MyWidget)
    └ 🗎 mywidget.cpp              7   {
  □ 🗀 界面文件                     8       ui->setupUi(this);
    └ 🗎 mywidget.ui               9   }
                                  10
                                  11 □ MyWidget::~MyWidget()
                                  12   {
                                  13       delete ui;
                                  14   }
```

图 7-21　编辑模式

表 7-2　项目目录中各文件的功能说明

文件	功能说明
AnfangZigbeeControlApp.pro	该文件是项目文件，其中包含了项目相关信息
AnfangZigbeeControlApp.pro.user	该文件中包含了与用户有关的项目信息
mywidget.h	该文件是新建的 MyWidget 类的头文件
mywidget.cpp	该文件是新建的 MyWidget 类的源文件
main.cpp	该文件中包含了 main()主函数
mywidget.ui	该文件是设计师设计的界面对应的界面文件

2．添加第三方串口类文件

在 Windows 系统下需要将 qextserialbase.cpp 和 qextserialbase.h 以及 win_qextserialport.cpp 和 win_qextserialport.h 这四个文件导入到 ZigbeeControlApp 工程文件夹中。

（1）将四个文件复制添加到 AnfangZigbeeControlApp 工程文件夹中，如图 7-22 所示。

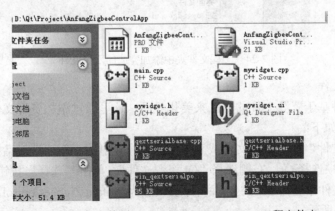

图 7-22　添加文件到 AnfangZigbeeControlApp 工程文件夹

（2）右击 AnfangZigbeeControlApp 工程，选择添加现有文件，如图 7-23 所示。选择前面刚刚复制到 AnfangZigbeeControlApp 工程文件夹项目中的四个文件。

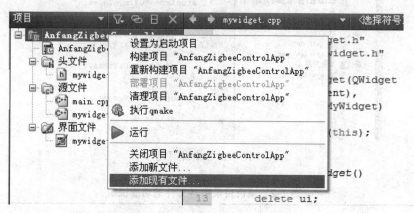

图 7-23　选择添加现有文件选项

（3）添加完成之后，可以看到 AnfangZigbeeControlApp 工程文件夹项目中已添加完成的四个文件，如图 7-24 所示。

图 7-24　工程文件夹中添加完成的四个文件

3. 添加资源文件

Qt 提供了一种基于资源文件的方法来美化界面，这里通过添加资源文件的方法来添加图片资源。具体操作如下：

（1）单击"文件"→"新建文件或工程"选项，弹出的"新建"对话框如图 7-25 所示，在左侧的文件和类中选择 Qt，右侧选择"Qt 资源文件"，单击"选择"按钮。

（2）将资源文件命名为 images，并将路径设置为 AnfangZigbeeControlApp 工程项目所在的路径，如图 7-26 所示。

图 7-25　AnfangZigbeeControlApp 工程创建资源文件

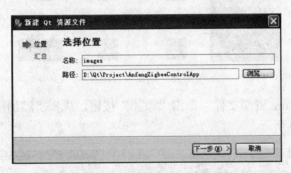

图 7-26　资源文件命名及路径选择

（3）完成上述操作之后，在如图 7-27 所示的项目中可以看到 AnfangZigbeeControlApp
工程中增加了一个名为 images.qrc 的资源文件。

图 7-27　工程项目中添加资源文件

（4）在 AnfangZigbeeControlApp 工程项目中添加 images 文件夹，将如图 7-28 所示的图片添加进去。

图 7-28　添加项目图片

（5）打开 images.qrc 资源文件，单击"添加"按钮，选择"添加前缀"选项，在前缀栏中输入"/"，如图 7-29 所示。

图 7-29　添加资源前缀

（6）添加了前缀之后，就可以往资源文件中添加资源文件了，依然选择单击"添加"→"添加文件"选项。这里选择工程项目中 images 文件夹下的 15 个图片文件，添加完成之后，显示如图 7-30 所示的图片资源。

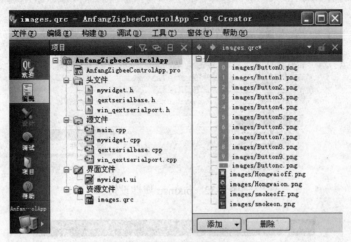

图 7-30　图片资源添加完成

4. 窗体界面设计

（1）打开 mywidget.ui 文件，在设计界面区中，从工具栏选择 ComboBox 控件，拖入到界面中，添加五个 ComboBox 控件和五个 Label 控件，完成对串口通信参数的设置，添加两个 QPushButton 按钮，分别实现打开串口和关闭串口功能，如图 7-31 所示。

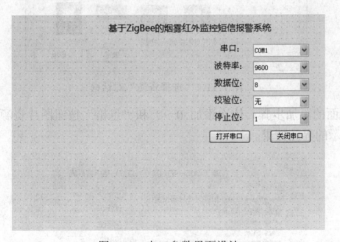

图 7-31　串口参数界面设计

（2）打开 mywidget.ui 文件，在设计界面区中，从工具栏选择 GroupBox 控件，拖入到界面中，双击控件之后，输入"短信报警区"文本，添加一个 LineEdit 控件和十二个 PushButton 按钮，其中十一个按钮为 0～9 号码按钮和"C"作为"退格"按钮，另外还有一个"确定"按钮。对于在按钮上加入图片，可以通过在属性栏中选择如图 7-32 所示的 icon 属性。

（3）选择"选择资源"选项，出现如图 7-33 所示的"选择资源"对话框，这里选择 Button1.png 资源文件，单击"确定"按钮。

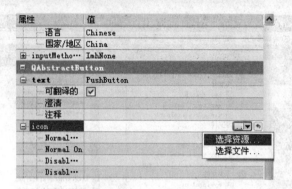

图 7-32　pixmap 属性设置

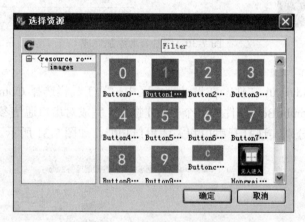

图 7-33　"选择资源"对话框

（4）按照上面的添加步骤，依次添加 0～9 和"退格"按钮图片资源，设计完成之后，显示如图 7-34 所示的界面效果。

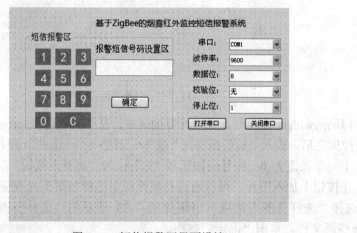

图 7-34　短信报警区界面设计

（5）在设计界面区中，从工具栏选择 GroupBox 控件，拖入到界面中，双击控件之后，输入"热红外显示区"文本，添加一个 Label 控件，在属性栏中选择如图 7-35 所示的 pixmap 属性。

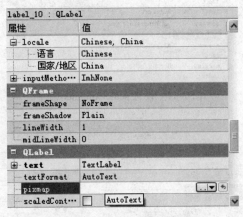

图 7-35　pixmap 属性设置

（6）在图 7-36 所示的"选择资源"对话框中选择 Hongwaioff.png 资源文件，单击"确定"按钮。

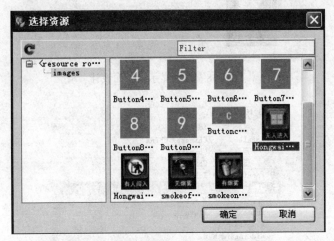

图 7-36　"选择资源"对话框

（7）勾选 scaleContents 属性栏中的复选框，这样显示的内容将保持同比例放大或缩小，如图 7-37 所示。

（8）操作完成之后，显示如图 7-38 所示的界面效果。

（9）在设计界面区中，从工具栏选择 GroupBox 控件，拖入到界面中，双击控件之后，输入"烟雾显示区"文本，添加一个 Label 控件，在属性栏中选择如图 7-39 所示的 pixmap 属性。

属性	值	
frameShape	NoFrame	
frameShadow	Plain	
lineWidth	1	
midLineWidth	0	
⊟ QLabel		
⊞ text		
textFormat	AutoText	
pixmap	Hongwaioff.png	
scaledCo…	☑	⬐
⊞ alignment	AlignLeft, AlignVCenter	
wordWrap		
margin	0	
indent	-1	

图 7-37　设置 scaleContents 属性

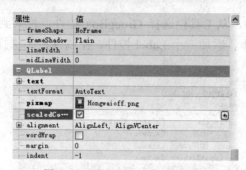

图 7-38　红外显示区界面设计

label_10 : QLabel		
属性	值	
⊟ locale	Chinese, China	
语言	Chinese	
国家/地区	China	
⊞ inputMetho…	ImhNone	
⊟ QFrame		
frameShape	NoFrame	
frameShadow	Plain	
lineWidth	1	
midLineWidth	0	
⊟ QLabel		
⊞ text	TextLabel	
textFormat	AutoText	
pixmap		…▾ ⬐
scaledCont…	☐ AutoText	

图 7-39　pixmap 属性设置

（10）在图 7-40 所示的"选择资源"对话框中选择 smokeoff.png 资源文件，单击"确定"按钮。

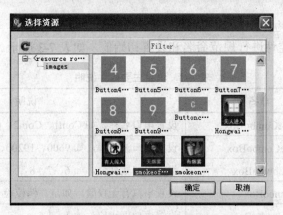

图 7-40 "选择资源"对话框

（11）勾选 scaleContents 属性栏中的复选框，这样显示的内容将保持同比例放大或缩小，如图 7-41 所示。

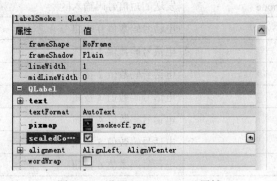

图 7-41 设置 scaleContents 属性

（12）主界面设计完成之后，显示如图 7-42 所示的界面效果。

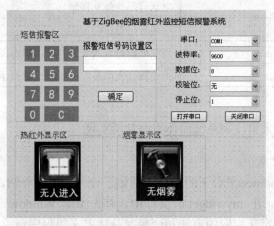

图 7-42 项目设计界面整体显示效果

5. 项目主要控件说明

将图 7-42 中主要控件进行规范命名和设置初始值，如表 7-3 所示。

表 7-3　项目主要控件说明

控件名称	命名	说明
ComboBox	portNameComboBox	设置串口名称，如 Com1、Com2、Com3
ComboBox	baudRateComboBox	设置串口波特率，如 9600、19200、115200
ComboBox	dataBitsComboBox	设置串口数据位，如 6、7、8
ComboBox	parityComboBox	设置串口有无校验，如奇、偶校验
ComboBox	stopBitsComboBox	设置串口停止位，如 1、1.5
PushButton	openMyComBtn	打开串口按钮
PushButton	closeMyComBtn	关闭串口按钮
LineEdit	lineEditPhone	发送的短信号码输入区
PushButton	btn_0	电话号码数值 0 按钮
PushButton	btn_1	电话号码数值 1 按钮
PushButton	btn_2	电话号码数值 2 按钮
PushButton	btn_3	电话号码数值 3 按钮
PushButton	btn_4	电话号码数值 4 按钮
PushButton	btn_5	电话号码数值 5 按钮
PushButton	btn_6	电话号码数值 6 按钮
PushButton	btn_7	电话号码数值 7 按钮
PushButton	btn_8	电话号码数值 8 按钮
PushButton	btn_9	电话号码数值 9 按钮
PushButton	btn_c	电话号码退格键按钮
Label	labelPerson	当红外检测有人或无人时，状态图片显示
Label	labelSmoke	当检测有无烟雾时，状态图片显示

7.7.2　ZigBee 烟雾红外采集控制系统窗体界面功能实现

1. 定义和使用类对象

前面 5.5.2 节就 Windows 平台下的串口通信做了较为详细的介绍，这里从编程实现串口通信的角度进行详细讲解。在 mywidget.h 文件中，首先添加 Windows 平台下的第三方头文件 win_qextserialport.h，并定义相应的方法和变量，具体定义如程序清单 7.4 所示。

程序清单 7.4

```cpp
#ifndef MYWIDGET_H
#define MYWIDGET_H
#include <QWidget>
#include "win_qextserialport.h"
#include <QTime>
namespace Ui {
    class MyWidget;
}
class MyWidget : public QWidget
{
    Q_OBJECT
public:
    explicit MyWidget(QWidget *parent = 0);
    ～MyWidget();
    void sendAT(Win_QextSerialPort* NewCom,int iOrder);      //发送指令
    int convertMesg(QString);           //转换字符串信息为 PDU 格式
    int convertPhone(QString);          //电话号码两两颠倒
    QString stringToUnicode(QString str);   //字符串转为 Unicode
signals:
void setSmokeSignal(bool smoke);
//自定义一个含有 bool 参数的信号，一旦烟雾传感器有数值时，发送带有 bool 值的信号给相关槽
void setHongwaiSignal(bool states);
//自定义一个含有 bool 参数的信号，一旦红外传感器有数值时，发送带有 bool 值的信号给相关槽
void setSMSSmokeSignal(bool sms);
//自定义一个含有 bool 参数的信号，一旦 setSmokeSlot 槽方法执行时，发送带有 bool 值的烟雾短信信号给相关槽
void setSMSHongwaiSignal(bool sms);
//自定义一个含有 bool 参数的信号，一旦 setHongwaiSlot 槽方法执行时，发送带有 bool 值的红外短信信号给相关槽
private slots:
    void readMyCom();                   //从串口读取数据，分析处理
    void setSMSSmokeSlot(bool sms);     //接收到烟雾短信信号之后，分析处理，实现短信报警
    void setSMSHongwaiSlot(bool sms);   //接收到红外短信信号之后，分析处理，实现短信报警
    void setSmokeSlot(bool smoke);      //接收到 setSmokeSignal 信号之后，分析处理
    void setHongwaiSlot(bool states);   //接收到 setHongwaiSignal 信号之后，分析处理
    void on_openMyComBtn_clicked();     //打开串口
    void on_closeMyComBtn_clicked();    //关闭串口
    void on_Enterbtn_clicked();         //电话号码确定按钮
    void on_btn_1_clicked();            //电话号码按键 1
    void on_btn_2_clicked();            //电话号码按键 2
    void on_btn_3_clicked();            //电话号码按键 3
    void on_btn_4_clicked();            //电话号码按键 4
    void on_btn_5_clicked();            //电话号码按键 5
    void on_btn_6_clicked();            //电话号码按键 6
    void on_btn_7_clicked();            //电话号码按键 7
    void on_btn_8_clicked();            //电话号码按键 8
    void on_btn_9_clicked();            //电话号码按键 9
    void on_btn_0_clicked();            //电话号码按键 0
    void on_btn_c_clicked();            //电话号码退格键
private:
```

```
    Ui::MyWidget *ui;
    Win_QextSerialPort *myCom;                    //定义一个串口对象，实现 ZigBee 串口通信
    Win_QextSerialPort *newCom;                   //定义一个串口对象，实现串口短信发送
    bool isOpen;                                  //用于标识串口状态（包括串口是否打开或者关闭）
    bool isSmoke_on;                              //用于标识烟雾状态
    bool isPerson_on;                             //用于标识红外状态
    bool isSmsSmoke_on;                           //用于标识烟雾短信状态
    bool isSmsHong_on;                            //用于标识红外短信状态
    QString str;
    QString phone;
    int sendmessage(QString messge,QString phonenum);   //发送短信
    void    sleep(unsigned int msec);             //延迟方法
    QString m_SendCont;                           //整理好的短信发送内容
};
#endif         // MYWIDGET_H
```

2. mywidget.cpp 文件中方法的框架结构

mywidget.cpp 文件中方法结构如程序清单 7.5 所示。

程序清单 7.5

```
#include "mywidget.h"
#include "ui_mywidget.h"
#include <QDebug>
#include <QTextCodec>
MyWidget::MyWidget(QWidget *parent) :             //构造方法
    QWidget(parent),
    ui(new Ui::MyWidget)
{
    ui->setupUi(this);
}
MyWidget::～MyWidget()                            //析构方法
{
    delete ui;
}
void MyWidget::on_openMyComBtn_clicked()         //打开串口方法
{
}
void MyWidget::on_closeMyComBtn_clicked()        //关闭串口方法
{
}
void MyWidget::readMyCom()                       //当串口缓冲区有数据时，进行读串口操作
{
}
void MyWidget::setSmokeSlot(bool smoke)
//接收到 setSmokeSignal 信号之后，通过信号传来的 bool 值进行分析处理
{
}
void MyWidget::setSMSSmokeSlot(bool sms)
//接收到 setSMSSmokeSignal 烟雾短信信号之后，通过信号传来的 bool 值分析处理，以便实现短信报警
{
```

```
}
void MyWidget::setHongwaiSlot(bool states)    //接收 setHongwaiSignal 信号之后，通过信号传来的 bool 值进行分析处理
{
}
void MyWidget::setSMSHongwaiSlot(bool sms)
//接收到 setSMSHongwaiSignal 红外短信信号之后，通过信号传来的 bool 值分析处理，以便实现短信报警
{
}
QString MyWidget::stringToUnicode(QString str)                    //将字符串转换成 Unicode 码
{
}
int MyWidget::convertMesg(QString qStrMesg)                      //将发送的短信内容字符串转换成 PDU 码
{
}
int MyWidget::convertPhone(QString qStrPhone)                    //将短信目标电话号码字符串转换成 PDU 码
{
}
int MyWidget::sendmessage( QString messge,QString phonenum)      //将烟雾或红外报警短信进行发送
{
}
void MyWidget::sendAT(Win_QextSerialPort *myCom1 ,int iOrder)    //通过串口发送 AT 指令
{
}
void MyWidget::sleep(unsigned int msec)        //根据给定的毫秒数进行时间延迟
{
}
void MyWidget::on_Enterbtn_clicked()        //报警短信的电话号码输入完成之后的确认操作
{
}
void MyWidget::on_btn_1_clicked()           //执行报警短信电话号码按键 1 的数值输入操作
{
}
void MyWidget::on_btn_2_clicked()           //执行报警短信电话号码按键 2 的数值输入操作
{
}
void MyWidget::on_btn_3_clicked()           //执行报警短信电话号码按键 3 的数值输入操作
{
}
void MyWidget::on_btn_4_clicked()           //执行报警短信电话号码按键 4 的数值输入操作
{
}
void MyWidget::on_btn_5_clicked()           //执行报警短信电话号码按键 5 的数值输入操作
{
}
void MyWidget::on_btn_6_clicked()           //执行报警短信电话号码按键 6 的数值输入操作
{
}
void MyWidget::on_btn_7_clicked()           //执行报警短信电话号码按键 7 的数值输入操作
{
}
```

```
void MyWidget::on_btn_8_clicked()        //执行报警短信电话号码按键8的数值输入操作
{
}
void MyWidget::on_btn_9_clicked()        //执行报警短信电话号码按键9的数值输入操作
{
}
void MyWidget::on_btn_0_clicked()        //执行报警短信电话号码按键0的数值输入操作
{
}
void MyWidget::on_btn_c_clicked()        //执行报警短信电话号码退格键的功能操作
{
}
```

3. 方法说明

（1）MyWidget 构造方法。当实例化 MyWidget 类对象时，执行 MyWidget 构造方法，在构造方法中，一方面初始化各个状态变量，如烟雾和红外初始化状态赋值，另一方面，一旦烟雾及红外传感器有数值到达串口时，能够及时进行解析处理，以便发送报警短信，这里就需要构建烟雾及红外信号与处理槽之间关联。具体代码实现如程序清单 7.6 所示。

程序清单 7.6

```
MyWidget::MyWidget(QWidget *parent) :
    QWidget(parent),
    ui(new Ui::MyWidget)
{
    ui->setupUi(this);
    ui->closeMyComBtn->setEnabled(false);      //开始"关闭串口"按钮不可用
    isOpen=false;                              //串口初始化状态为关闭
    isSmoke_on = false;                        //用于标识烟雾状态初始化为 false
    isPerson_on=false;                         //用于标识红外状态初始化为 false
    isSmsSmoke_on=true;                        //用于标识烟雾短信状态初始化为 true
    isSmsHong_on=true;                         //用于标识红外短信状态初始化为 true
    phone="";                                  //短号码初始化为空
    connect(this,SIGNAL(setSmokeSignal(bool)),this,SLOT(setSmokeSlot(bool)));
    //构建烟雾传感器信号与槽之间关联
    connect(this,SIGNAL(setHongwaiSignal(bool)),this,SLOT(setHongwaiSlot(bool)));
    //构建红外检测传感器信号与槽之间关联
    connect(this,SIGNAL(setSMSSmokeSignal(bool)),this,SLOT(setSMSSmokeSlot(bool)));
    //构建烟雾报警短信信号与槽之间关联
    connect(this,SIGNAL(setSMSHongwaiSignal(bool)),this,SLOT(setSMSHongwaiSlot(bool)));
    //构建红外报警短信信号与槽之间关联
}
```

（2）打开串口方法。单击"打开串口"按钮时，执行打开串口方法。首先通过主界面窗体上的下拉列表框，选择串口名称 Com3，构建串口对象，打开串口，设置波特率为 115200，设置无奇偶校验，设置数据位为 8 位，停止位为 1 位，最后通过 connect 函数建立信号和槽函数之间关联，使得当串口缓冲区有数据时，进行 readMyCom() 读串口操作。具体代码实现如程序清单 7.7 所示。

程序清单 7.7

```
void MyWidget::on_openMyComBtn_clicked()
{
    QString portName = ui->portNameComboBox->currentText();              //获取串口名
    myCom = new Win_QextSerialPort(portName,QextSerialBase::EventDriven);
    //定义串口对象，并传递参数，在构造函数里对其进行初始化
    isOpen=myCom ->open(QIODevice::ReadWrite);                           //打开串口
    if(ui->baudRateComboBox->currentText()==tr("9600"))                  //根据组合框内容对串口进行设置
    myCom->setBaudRate(BAUD9600);
    else if(ui->baudRateComboBox->currentText()==tr("115200"))
    myCom->setBaudRate(BAUD115200);
    if(ui->dataBitsComboBox->currentText()==tr("8"))
    myCom->setDataBits(DATA_8);
    else if(ui->dataBitsComboBox->currentText()==tr("7"))
    myCom->setDataBits(DATA_7);
    if(ui->parityComboBox->currentText()==tr("无"))
    myCom->setParity(PAR_NONE);
    else if(ui->parityComboBox->currentText()==tr("奇"))
    myCom->setParity(PAR_ODD);
    else if(ui->parityComboBox->currentText()==tr("偶"))
    myCom->setParity(PAR_EVEN);
    if(ui->stopBitsComboBox->currentText()==tr("1"))
    myCom->setStopBits(STOP_1);
    else if(ui->stopBitsComboBox->currentText()==tr("2"))
    myCom->setStopBits(STOP_2);
    myCom->setFlowControl(FLOW_OFF);
    myCom->setTimeout(500);
    connect(myCom,SIGNAL(readyRead()),this,SLOT(readMyCom()));
    //信号和槽函数之间关联，当串口缓冲区有数据时，进行读串口操作
    ui->openMyComBtn->setEnabled(false);          //打开串口后"打开串口"按钮不可用
    ui->closeMyComBtn->setEnabled(true);          //打开串口后"关闭串口"按钮可用
    ui->baudRateComboBox->setEnabled(false);      //设置各个组合框不可用
    ui->dataBitsComboBox->setEnabled(false);
    ui->parityComboBox->setEnabled(false);
    ui->stopBitsComboBox->setEnabled(false);
    ui->portNameComboBox->setEnabled(false);
}
```

（3）关闭串口方法。单击"关闭串口"按钮时，执行关闭串口方法。在该方法中首先将打开的串口对象进行关闭操作，然后将"打开串口"按钮变成可用状态，串口名称、波特率、奇偶校验、数据位以及停止位的下拉列表框变成可用状态。具体代码实现如程序清单 7.8 所示。

程序清单 7.8

```
void MyWidget::on_closeMyComBtn_clicked()
{
    myCom->close();
    ui->openMyComBtn->setEnabled(true);          //关闭串口后"打开串口"按钮可用
    ui->closeMyComBtn->setEnabled(false);        //关闭串口后"关闭串口"按钮不可用
    ui->sendMsgBtn->setEnabled(false);           //关闭串口后"发送数据"按钮不可用
```

```
        ui->baudRateComboBox->setEnabled(true);          //设置各个组合框可用
        ui->dataBitsComboBox->setEnabled(true);
        ui->parityComboBox->setEnabled(true);
        ui->stopBitsComboBox->setEnabled(true);
        ui->portNameComboBox->setEnabled(true);
        ui->labelPort->setText("");
        isOpen=false;
    }
```

（4）读串口数据方法。当串口缓冲区有数据时，进行 readMyCom()读串口操作。从串口读出数据之后，首先判断数据是否为空，当不为空时，再判断字符串是否以"222222"或者"111111"开始，如果成立，立即发出烟雾传感器信号给相关槽进行处理。如果不成立，再判断字符串是否以"666666"或者"555555"开始，如果成立，立即发出红外检测传感器信号给相关槽进行处理。具体代码实现如程序清单 7.9 所示。

程序清单 7.9

```
void MyWidget::readMyCom()
{
    QByteArray temp = myCom->readAll();
    //调用 readAll()函数，读取串口中所有数据，在上面可以看到其返回值是 QByteArray 类型
    QString    str=QString(temp);
    //取数据，发信号，各 FORM 接收处理
    if(!temp.isEmpty())
    {
        if(str.startsWith("222222"))          //如果收到的数据为"222222"，则说明烟雾传感器采集到有烟雾出现
        {
            emit setSmokeSignal(true);        //发出带有 true 值的信号给相关槽进行处理
        }
        else
        {
            if(str.startsWith("111111"))    //如果收到的数据为"111111"，则说明烟雾传感器没有采集到烟雾，一切正常
            {
                emit setSmokeSignal(false);    //发出带有 false 值的信号给相关槽进行处理
            }
        }
        if(str.startsWith("666666"))          //如果收到的数据为"666666"，则说明红外检测传感器采集到有人出现
        {
            emit setHongwaiSignal(true);      //发出带有 true 值的信号给相关槽进行处理
        }
        else
        {
            if(str.startsWith("555555"))    //如果收到的数据为"555555"，则说明红外检测传感器采集到没有人，一切正常
            {
                emit setHongwaiSignal(false);  //发出带有 false 值的信号给相关槽进行处理
            }
        }
    }
}
```

（5）setSmokeSlot 方法。当 setSmokeSignal 信号发出之后，setSmokeSlot 槽接收到烟雾传感器响应信号，并进行分析处理。首先判断布尔参数值 smoke 是 true 还是 false，如果为 true，再判断 isSmoke_on 为 true 还是 false，如果为 false，则说明有烟雾出现，立即将"有烟雾"的状态图片进行显示，并发出烟雾短信报警信号，以便相关槽进行处理，实现短信报警。如果参数值 smoke 是 false，并且 isSmoke_on 为 true，说明此时已没有任何烟雾，则立即将"没有烟雾"的状态图片进行显示，表示一切正常，并发出信号，以便相关槽进行处理。具体代码实现如程序清单 7.10 所示。

程序清单 7.10

```
void MyWidget::setSmokeSlot(bool smoke)
{
    if(smoke)
    {
        if(!isSmoke_on)
        {
            ui->labelSmoke->setPixmap(QPixmap(":/images/smokeon.png"));      //显示有烟雾出现的状态图片
            isSmoke_on = true;
            emit   setSMSSmokeSignal(true);      //发出带有 true 的短信报警信号
        }
    }
    else
    {
        if(isSmoke_on)
        {
            ui->labelSmoke->setPixmap(QPixmap(":/images/smokeoff.png"));      //显示没有烟雾出现的状态图片
            isSmoke_on = false;
            emit   setSMSSmokeSignal(false);
        }
    }
}
```

（6）setSMSSmokeSlot 方法。当 setSMSSmokeSignal 信号发出之后，setSMSSmokeSlot 槽接收到烟雾短信报警响应信号，并进行分析处理。首先判断布尔参数值 sms 和标识烟雾短信状态的 isSms_on 值是否同时为真（true），如果成立，则向用户设置的电话号码进行报警短信发送，告知用户家中有烟雾出现。如果不成立，一种情况是 sms 为 true，而标识烟雾短信状态的 isSms_on 值为 false，则说明之前已向用户手机发送过一次报警短信，这时不再进行短信发送。另一种情况 sms 为 false，而标识烟雾短信状态的 isSms_on 值为 false，则说明目前没有烟雾出现，已处于正常状态。具体代码实现如程序清单 7.11 所示。

程序清单 7.11

```
void MyWidget::setSMSSmokeSlot(bool sms)
{
    if((sms==true)&&(isSms_on==true))
    {
        QString buff=tr("主人您好，您的房屋有不明烟雾出现，请尽快处理，以便保护您的人身财产安全！");
        if(ui->lineEditPhone->text().length() == 11)
```

```
                    {
                       sendmessage(buff,phone);          //短信发送
                        ui->labelSMSSend->setText(tr("短信发送成功"));
                       isSms_on=false;
                    }
            }
            else
            {

               if((sms==false)&&(isSms_on==false))
               {
                isSms_on=true;
                 ui->labelSMSSend->setText("");
                 ui->labelSMSPort->setText("");
               }
            }
        }
```

（7）setHongwaiSlot 方法。当 setHongwaiSignal 信号发出之后，setHongwaiSlot 槽接收到红外检测传感器的响应信号，并进行分析处理。首先判断布尔参数值 states 是 true 还是 false，如果为 true，再判断 isPerson_on 为 true 还是 false，如果为 false，则说明有陌生人出现，立即将"有陌生人"的状态图片进行显示，并发出红外短信报警信号，以便相关槽进行处理，实现短信报警。如果参数值 states 是 false，并且 isPerson_on 为 true，说明此时已没有任何人出现，则立即将"没有人"的状态图片进行显示，表示一切正常，并发出信号，以便相关槽进行处理。具体代码实现如程序清单 7.12 所示。

程序清单 7.12

```
void MyWidget::setHongwaiSlot(bool states)
{
    if(states)                      //红外检测有人出现
      {
        if(!isPerson_on)            //表示有陌生人出现
        {
          ui->labelPerson->setPixmap(QPixmap(":/images/Hongwaion.png"));      //显示有陌生人出现的图片
          isPerson_on=true;
          emit setSMSHongwaiSignal(true);          //发出带有 true 值的红外报警短信信号
        }
     }
    else
    {
        if(isPerson_on)            //没有异常情况
        {
          ui->labelPerson->setPixmap(QPixmap(":/images/Hongwaioff.png"));      //显示没有陌生人出现的图片

          isPerson_on=false;
           emit   setSMSHongwaiSignal(false);
        }
     }
  }
```

（8）setSMSHongwaiSlot 方法。当 setSMSHongwaiSignal 信号发出之后，setSMSHongwaiSlot 槽接收到红外短信报警响应信号，并进行分析处理。首先判断布尔参数值 sms 和标识红外短信状态的 isSmsHong_on 值是否同时为真（true），如果成立，则向用户设置的电话号码进行报警短信发送，告知用户家中有陌生人出现。如果不成立，一种情况是 sms 为 true，而标识红外短信状态的 isSmsHong_on 值为 false，则说明之前已向用户手机发送过一次报警短信，这时不再进行短信发送。另一种情况 sms 为 false，而标识红外短信状态的 isSmsHong_on 值为 false，则说明目前没有人出现，已处于正常状态。具体代码实现如程序清单 7.13 所示。

程序清单 7.13

```cpp
void MyWidget::setSMSHongwaiSlot(bool sms)
{
    if((sms==true)&&(isSmsHong_on==true))
    {
        QString buff=tr("主人您好，您的房屋有陌生人闯入，请尽快处理，以便保护您的人身财产安全！");
        if(ui->lineEditPhone->text().length() == 11)
        {
            sendmessage(buff,phone);
            ui->labelSMSSend->setText(tr("短信发送成功"));
            isSmsHong_on=false;
        }
    }
    else
    {
        if((sms==false)&&(isSmsHong_on==false))
        {
            isSmsHong_on=true;
            ui->labelSMSSend->setText("");
            ui->labelSMSPort->setText("");
        }
    }
}
```

（9）stringToUnicode 方法。为了能够发送中文短信，这里需要采用 PDU Mode 编码模式，这里 PDU 模式采用 UCS2 进行编码，所谓 UCS2 编码就是将单个字符转变为 Unicode 宽字符形式。由于单个字符转换为由四位的 0～9、A～F 字母组成的字符串，所以一旦短信内容以 UCS2 编码形式发送出去，对方手机短信就能够显示中文文本信息。stringToUniCode 方法中根据参数中提供的字符串，按照 Unicode 方式进行宽字符编码。具体代码实现如程序清单 7.14 所示。

程序清单 7.14

```cpp
QString MyWidget::stringToUnicode(QString str)
{
    //这里传来的字符串一定要加 tr，main 函数里可以加 QTextCodec::setCodecForTr(QTextCodec::codecForLocale());
    //例如：str=tr("你好");
    const QChar *q;
    QChar qtmp;
```

```
        QString str0, strout;
        int num;
        q=str.unicode();
        int len=str.count();
        for(int i=0;i<len;i++)
        {
            qtmp =(QChar)*q++;
            num= qtmp.unicode();
            if(num<255)
                strout+="00";              //英文或数字前加 "00"
            str0=str0.setNum(num,16);      //变成十六进制数
            strout+=str0;
        }
        return strout;
    }
```

（10）convertPhone 方法。对于发送的中文短信可以分为三部分进行编码：(08)+(91)+(683108502105F0)实际上就构成了整个短信的第一部分，通称短消息中心地址；(11)+(00)+(0D)+(91)+(683117325476F8) +"000801"构成了整个短信的第二部分，包含发送到对方手机的电话号码；第三部分就是后面 convertMesg 方法中将显示的短信内容进行编码。具体代码实现如程序清单 7.15 所示。

程序清单 7.15

```
int MyWidget::convertPhone(QString qStrPhone)
{
    int i=qStrPhone.length()+2;        //长度包括 86
    QString sHex;
    sHex.setNum(i,16);                 //转成十六进制
    if(sHex.length()==1)
    {
        sHex="0"+sHex;
    }
    if(qStrPhone.length()%2 !=0)       //为奇数位后面加 F
    {
        qStrPhone+="F";
    }
    //奇数位偶数位交换
    QString qStrTemp2;
    for(int i=0; i<qStrPhone.length(); i+=2)
    {
        qStrTemp2 +=qStrPhone.mid(i+1,1)+qStrPhone.mid(i,1);
    }
    // sHex：手机号码的长度，不算 "+" 号，十六进制表示为 91
    qStrTemp2="08"+"91"+"683108502105F0"+"1100"+sHex+"9168" +qStrTemp2+"000801";
    m_SendCont=qStrTemp2;
    return qStrTemp2.length();
}
```

（11）convertMesg 方法。在前面介绍的 convertPhone 方法中，对于发送的中文短信可以分为三部分进行编码，这里是针对第三部分用户手机收到的短信内容进行编码。具体代码实现如程序清单 7.16 所示。

程序清单 7.16

```
int MyWidget::convertMesg(QString qStrMesg)
{
        QTextCodec::setCodecForTr(QTextCodec::codecForLocale());
        qStrMesg = tr(qStrMesg.toStdString().c_str());
        qStrMesg=stringToUnicode(qStrMesg);
        int i=qStrMesg.length()/2;    //内容长度
        QString sHex;
        sHex.setNum(i,16);
        if(sHex.length()==1)
        {
            sHex="0"+sHex;
        }
        QString qStrMesgs;
        qStrMesgs = QString("%1%2").arg(sHex).arg(qStrMesg);
        m_SendCont+=qStrMesgs;
        return qStrMesgs.length();
}
```

（12）sendAT 方法。发送中文短信，其实只有几步，首先使用串口发送"AT+CMGF=0"按回车键，表示发送中文短信，然后使用串口发送"AT+CMGS=发送的长度"，最后使用串口将编写完成的 PDU 编码内容发送出去，通过这三步操作成功实现 AT 短信指令发送。具体代码实现如程序清单 7.17 所示。

程序清单 7.17

```
void MyWidget::sendAT(Win_QextSerialPort *myCom1 ,int iOrder)
{
    QString qStrCmd;
    switch(iOrder)
    {
    case 1:
    {
        //设置短信格式
        qStrCmd= "AT+CMGF=0\r";
        myCom1->write(qStrCmd.toAscii());
        break;
    }
    case 2:
    {
        //发送短信长度指令
        int iLength=strlen(m_SendCont.toStdString().c_str())/2;
        qDebug()<<"sms======len:"<<iLength;
        qStrCmd=QString("%1%2\r").arg("AT+CMGS=").arg(iLength-9);
```

```
        myCom1->write(qStrCmd.toAscii());
        break;
    }
    case 3:
    {
        //发送短信内容指令
        qDebug()<<"sms======cont:"<<m_SendCont;
        myCom1->write((m_SendCont+"\x01a").toStdString().c_str());
        break;
    }
    default:
        break;
    }
}
```

（13）sleep 方法。在通过串口执行多个 AT 指令时，需要在每个 AT 指令执行之后，进行一定时间的延迟，以保证每一个 AT 指令能够成功发送出去。所以这里通过输入毫秒级时间参数，完成一定时间的延迟操作。具体代码实现如程序清单 7.18 所示。

程序清单 7.18

```
void MyWidget::sleep(unsigned int msec)
{
    QTime dieTime = QTime::currentTime().addMSecs(msec);
    while( QTime::currentTime() < dieTime )
        QCoreApplication::processEvents(QEventLoop::AllEvents, 100);
}
```

（14）on_btn_0_clicked 方法。为了将短信发送到指定的用户手机中，需要在界面的 LineEdit 控件中输入电话号码，这里就是完成号码 "0" 的字符输入操作。其他 1~9 之间的字符操作和本方法相同。具体代码实现如程序清单 7.19 所示。

程序清单 7.19

```
void MyWidget::on_btn_0_clicked()
{
    str= ui->lineEditPhone->text();
    str += '0';
    ui->lineEditPhone->setText(str);
}
```

（15）on_btn_c_clicked 方法。在界面的 LineEdit 控件中输入电话号码时，可能输入有误，需要删除并重新输入号码字符，这里执行的操作就是实现单个字符的退格删除操作。具体代码实现如程序清单 7.20 所示。

程序清单 7.20

```
void MyWidget::on_btn_c_clicked()
{
    str = ui->lineEditPhone->text();
    str = str.left(str.length()-1);
    ui->lineEditPhone->setText(str);
}
```

（16）on_Enterbtn_clicked 方法。一旦在界面 LineEdit 控件中输入完成电话号码之后，单击"确定"按钮，即可执行本方法操作，以便获取发送给用户手机短信所需的电话号码。具体代码实现如程序清单 7.21 所示。

程序清单 7.21

```
void MyWidget::on_Enterbtn_clicked()
{
    QString nuberTmp=QString::null;
    nuberTmp =ui->lineEditPhone->text();
    phone=nuberTmp;

}
```

（17）sendmessage 方法。一旦烟雾传感器检测到有烟雾产生或者红外传感器检测到有陌生人闯入时，setSMSHongwaiSlot 方法或 setSMSSmokeSlot 方法就会立即执行，在执行中将调用 sendmessage 方法实现短信发送。在本方法中，通过打开短信串口，发送短信 AT 指令，实现报警短信发送操作。具体代码实现如程序清单 7.22 所示。

程序清单 7.22

```
int MyWidget::sendmessage( QString messge,QString phonenum)
{
    QString portName = "COM1";     //used on board
    newCom = new Win_QextSerialPort(portName,QextSerialBase::EventDriven);
    //定义串口对象，并传递参数，在构造函数里对其进行初始化
    bool   isopen = newCom->open(QIODevice::ReadWrite);
    if(isopen){
        ui->labelSMSPort->setText(tr("短信串口打开成功"));
    }
    else{
         ui->labelSMSPort->setText(tr("短信串口打开失败"));
        return 0;
    }
    //设置波特率
    newCom->setBaudRate(BAUD9600);
    //设置数据位
    newCom->setDataBits(DATA_8);
    //设置校验位
    newCom->setParity(PAR_NONE);
    //设置停止位
    newCom->setStopBits(STOP_1);
    //设置数据流控制
    newCom->setFlowControl(FLOW_OFF);
    sendAT(newCom,1);
    sleep(5000);
    convertPhone(phonenum);
    convertMesg(messge);
    sendAT(newCom,2);
    sleep(5000);
```

```
        sendAT(newCom,3);
        newCom->close();
         delete newCom;
            return 1;
    }
```

ZigBee 安防监控短信报警控制系统运行界面如图 7-43 所示。

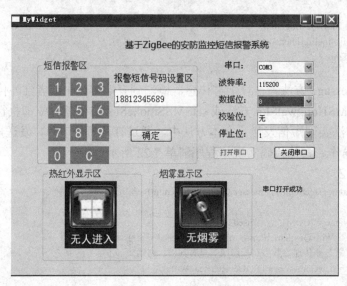

图 7-43　程序运行界面

本章小结

　　本章首先介绍了气敏电阻传感器和红外热释电传感器的相关工作原理及软硬件的设计方法，然后讲解了 GPRS 短消息通信的一些基础知识，接着重点介绍了多终端节点环境下协调器数据接收和终端节点数据发送的设计实现方法，并结合 Qt 上位机软件开发了远程短信报警系统。本系统的设计具有较强的典型性，同时项目本身具有一定的实用价值。希望读者能够深入理解，早日在实际的智能家居无线传感网络系统开发中大展身手。

参考文献

[1] 李明亮, 蒙洋等. 例说 ZigBee. 北京: 北京航空航天大学出版社, 2013.

[2] 高守玮. ZigBee 技术实践教程. 北京: 北京航空航天大学出版社, 2009.

[3] 余成波等. 无线传感器网络实用教程. 北京: 清华大学出版社, 2012.

[4] 王小强等. ZigBee 无线传感器网络设计与实现. 北京: 化学工业出版社, 2012.

[5] 李文仲等. CC1110/CC2510 无线单片机和无线自组织网络入门与实战. 北京: 北京航空航天大学出版社, 2008.

[6] 李文仲等. ZigBee2007/PRO 协议栈实验与实践. 北京: 北京航空航天大学出版社, 2009.

[7] 梁森等. 自动检测与转换技术. 北京: 机械工业出版社, 2013.

[8] 武昌俊. 自动检测技术及应用. 北京: 机械工业出版社, 2008.

[9] 霍亚飞. Qt Creator 快速入门. 北京: 北京航空航天大学出版社, 2012.

[10] 王浩. Windows CE 嵌入式应用开发. 北京: 中国水利水电出版社, 2010.